大数据与人工智能技术丛书

NoSQL

数据库从入门到实战 微课视频版

◎ 吕云翔 郭婉茹 余志浩 贺祺 郭宇光 编著

清华大学出版社

北京

内 容 简 介

本书基础理论和实际案例相结合，循序渐进地介绍了多种 NoSQL 数据库，全面系统地说明了多种 NoSQL 数据库的使用方法和适用范畴，并通过四个具体案例阐述了 NoSQL 数据库在实际生活中的应用。全书共 13 章，分别介绍 NoSQL 数据库基本原理、文档数据库与 MongoDB、列族数据库与 HBase、键值数据库与 Redis 和图数据库与 Neo4j 等知识，书中的每种数据库都有相应的实现代码和实例。

本书主要面向广大从事数据分析或软件工程的专业人员，从事高等教育的专任教师，高等院校的在读学生及相关领域的广大科研人员。

本书封面贴有清华大学出版社防伪标签，无标签者不得销售。
版权所有，侵权必究。举报：010-62782989，beiqinquan@tup.tsinghua.edu.cn。

图书在版编目(CIP)数据

NoSQL 数据库从入门到实战：微课视频版/吕云翔等编著. —北京：清华大学出版社，2022.6
(2023.8 重印)
(大数据与人工智能技术丛书)
ISBN 978-7-302-60949-0

Ⅰ.①N… Ⅱ.①吕… Ⅲ.①关系数据库系统 Ⅳ.①TP311.132.3

中国版本图书馆 CIP 数据核字(2022)第 088996 号

策划编辑：魏江江
责任编辑：王冰飞　薛　阳
封面设计：刘　键
责任校对：胡伟民
责任印制：曹婉颖

出版发行：清华大学出版社
　　　　网　　　址：http://www.tup.com.cn，http://www.wqbook.com
　　　　地　　　址：北京清华大学学研大厦 A 座　　　　　　邮　　编：100084
　　　　社 总 机：010-83470000　　　　　　　　　　　　邮　　购：010-62786544
　　　　投稿与读者服务：010-62776969，c-service@tup.tsinghua.edu.cn
　　　　质量反馈：010-62772015，zhiliang@tup.tsinghua.edu.cn
　　　　课件下载：http://www.tup.com.cn，010-83470236
印 装 者：三河市龙大印装有限公司
经　　　销：全国新华书店
开　　本：185mm×260mm　　　　印　　张：14.25　　　　字　　数：355 千字
版　　次：2022 年 7 月第 1 版　　　　　　　　　　　　印　　次：2023 年 8 月第 3 次印刷
印　　数：2701～4200
定　　价：49.80 元

产品编号：090782-01

前 言

随着近年来数据科学的发展,人们记录信息的方式和量级不断地发生改变,数据的应用场景产生了重大变革,传统关系数据库的缺陷逐渐暴露。通过打破关系数据库的模式,构建出的 NoSQL 数据库结构简单,且具有分布式、易扩展的特点。这种高效便捷的新型数据库逐渐在互联网、电信、金融等行业得到广泛的应用,和关系数据库形成了一种技术上的互补关系。

本书主要内容

本书将 NoSQL 数据库基础理论和实际案例相结合,适合初学者学习。读者可以在短时间内学习本书中介绍的所有数据库类型。

作为一本关于数据库的书籍,本书共有 13 章。其中,前 9 章为理论知识的介绍,第 10~13 章为 4 个实际项目案例。

第 1 章主要阐述数据库系统的基础知识,首先介绍了关系数据库的发展历史和主要功能,通过关系数据库的优缺点引出 NoSQL 数据库的发展及其特色;接着介绍了四种常见的 NoSQL 数据库分类;最后对 NewSQL 进行了简单介绍。

第 2 章针对 NoSQL 数据库的基本原理进行了详细介绍。主要介绍了其分布式数据管理特色的实现方式和分布式系统的原理和特性。

第 3 章主要介绍文档数据库和 MongoDB 的相关内容。本章首先阐述了文档存储的相关概念;之后讲解了 MongoDB 的安装配置;最后讲解了 MongoDB 中的基础操作和通过 Java 和 Python 语言访问 MongoDB 数据库的操作。

第 4 章通过对 MongoDB 分片和副本集概念的阐述进一步介绍了 MongoDB 数据库存储文件的方式。首先详细介绍了副本集概念及其安装配置方式,之后着重阐述了副本集运行的机制。后半部分讲解了分片概念和分片集群的部署方式。

第 5 章介绍了 MongoDB GridFS 的相关内容。首先对 GridFS 基础概念进行了概述,之后描述了其存储结构,最后分别描述了使用 Shell、Java 和 Python 操作 MongoDB GridFS 的基本方法。

第 6 章主要介绍列族数据库与 HBase 的相关知识。首先介绍了 HBase 的发展历史和其与其他数据库的对比,之后简单阐述了 HBase 的组件、功能和数据模型,最后详细介绍了 HBase 的基本操作和通过 Java 访问 HBase 的操作。

第 7 章是 HBase 数据库的进阶介绍,通过讲解其中的水平分区原理、Region 管理和 HBase 集群的基础知识,进一步介绍了 HBase 在面对大量数据时的高可用性。

第 8 章主要介绍键值数据库与 Redis。首先介绍了 Redis 数据库的特性、数据结构和应用场景,同时描述了其安装与配置的方式,最后讲解了使用 Java 操作 Redis 数据库的方式。

第9章主要介绍图数据库与Neo4j。首先介绍了图论和图数据库的理论知识,之后讲解了Neo4j数据库的应用场景、安装配置、数据模型等,最后讲解了Cypher语言的使用。

第10~13章分别介绍了使用MongoDB数据库、HBase数据库、Redis数据库和Neo4j数据库的四个案例。

本书特色

(1) 以案例为导向,对基础理论知识点在实际中的应用进行详细讲解。

(2) 实战案例丰富,涵盖4个完整项目案例。

(3) 代码详尽,避免对API的形式展示,规避重复代码。

(4) 理论阐述系统全面。

(5) 语言简明易懂,由浅入深。

(6) 各个数据库相对独立,数学原理相对容易理解。

资源下载提示

课件等资源:扫描封底的"课件下载"二维码,在公众号"书圈"下载。

素材(源代码)等资源:扫描目录页的二维码下载。

视频资源:扫描封底刮刮卡中的二维码,再扫描书中相应章节中的二维码可以在线学习。

读者对象

本书主要面向广大从事软件工程或数据处理的专业人员,从事高等教育的专任教师,高等院校的在读学生及相关领域的广大科研人员。

本书的编者为吕云翔、郭婉茹、余志浩、贺祺、郭宇光、曾洪立进行了部分内容的编写和素材整理及配套资源制作等。

本书的编写参考了诸多相关资料,在此向资料的作者表示衷心的感谢。

限于个人水平和时间仓促,书中难免存在疏漏之处,欢迎读者批评指正。

作　者

2021年4月

随书资源

目　录

第 **1** 章

数据库系统基础

随着人类社会的发展,人们对信息数据的管理和使用在不断改进和完善。从使用人工的方式手动地管理信息数据,发展为使用文件的形式管理数据。到 20 世纪 60 年代,随着计算机技术的发展,数据库以及数据库管理系统的概念相继出现,人们开始使用数据库管理系统记录信息数据。其中,关系数据库被最广泛地使用,如今提到"数据库"的名词时,大部分是指关系数据库。

随着互联网、物联网等概念的兴起,面对全新的数据应用场景,关系数据库也逐渐暴露出了新的问题。例如,难以应对日益增多的海量数据,横向的分布式扩展能力比较弱等。因此,有人通过打破关系数据库的模式,构建出非关系数据库,其目的是为了构建一种结构简单、分布式、易扩展、效率高且使用方便的新型数据库系统,这就是所谓的NoSQL。如今 NoSQL 数据库在互联网、电信、金融等行业已经得到了广泛应用,和关系数据库形成了一种技术上的互补关系。

为了更好地理解 NoSQL 的出现原因、基本特点和适用场景,本章首先从关系数据库进行介绍,通过介绍关系数据库的发展与优缺点,引入 NoSQL 的概念,对 NoSQL 的现状和技术体系等方面进行讲解,最后对新的 NewSQL 的概念进行阐述。

1.1 关系数据库

1.1.1 关系数据发展

数据库(Database,DB)一般指数据信息的集合,这些数据信息按照一定的数据结构进行组织和存储。此外,除了数据库还会有和数据库配套的管理软件,这些管理软件可以实现对数据库的数据管理、权限管理、运行状态管理等。数据库和数据库的管理软件共同构成了数据库管理系统(Database Management System,DBMS)。

通常情况下,"数据库"的概念指数据库管理系统,包含其数据信息和管理软件的部分。根据存储的数据结构的不同或者数据操作方式的不同,会将数据库分为不同的类型。如本书讨论的关系数据库、非关系数据库。一般不同类型的数据库系统会应用于不同业务场景,它们各有特点、各有千秋。目前还没有任何一种数据库适用于所有的应用场景。

20世纪60年代,随着计算机技术和软件技术的发展,计算机逐渐改变了人们记录信息的方式。此时出现了历史上第一批商用的数据库,例如,IBM公司研发的、基于网状模型的信息管理系统(Information Management System,IMS)等。商用数据的出现,大大提高了人们对于数据的管理效率,提供了细粒度的数据定义和操作方法。但此时对数据的操作要求使用者对数据格式要有深入的了解,而且当时并不支持高级编程语言进行读写,这让使用数据的门槛变得很高,数据操作的难度很大。

1970年,圣何塞实验室的埃德加·弗兰克·科德(Edgar Frank Codd,1923—2003)发表了名为《大型共享数据库数据的关系模型》(*A Relational Model of Data for Large Shared Data Banks*)的论文,首次提出关系模型。科德认为在关系模型的数据库系统中,使用者无须关心数据的存储结构、查询原理等,只需通过简单的高级语言(如SQL语句)就可以实现数据的定义、查询等操作。使用这样的方式可以大大降低数据库系统的操作成本,提高数据的操作效率。

在关系数据库系统中,数据的存储结构和存储本身完全分离。数据由行和列组成的二维表构成。典型的二维表结构如图1-1所示。

id	country_id	country_name	country_name_en	continent_name
1	NL	荷兰	Netherlands	欧洲
2	NO	挪威	Norway	欧洲
3	NP	尼泊尔	Nepal	亚洲
4	NR	瑙鲁共和国	Nauru	大洋洲
5	NU	纽埃	Niue	大洋洲
6	NZ	新西兰	New Zealand	大洋洲
7	OM	阿曼	Oman	亚洲
8	PA	巴拿马	Panama	美洲
9	PE	秘鲁	Peru	美洲
10	PF	法属波利尼西亚	French Polynesia	大洋洲

图1-1　一个典型的关系数据表结构

在图1-1中,二维表由表头和表格数据组成。其中,表头的每一列用来约束该列存储的数据内容和数据类型。例如,在图1-1中,id一列为自增的长整型,用来存储每条记录的唯一标识,country_name一列为字符串类型,用来存储每条记录的国家的名称。

在关系数据库中,往往不会孤立地存在一张二维表,而是存在多张二维表,不同的表之间可以通过固定的列进行关联,从而表示出不同表之间的关联关系,这样的数据存储和查询的方式即被称为"关系型"。一个国家与城市对应的关系表示例如图1-2所示。

在图1-2中,表示每个国家所包含的城市,对应的三列含义分别为记录的id、对应

图 1-1 中的国家的 id、城市的名称。通过图 1-2 中表的 country_id 字段与图 1-1 中表的 id 字段进行关联，即可查询出所有国家的所有城市。

上述描述的关系模型一般包括关系数据结构、数据关系操作和数据完整性约束。

在关系数据结构中，实体和实体间联系都可以通过关系（即二维表）的方式来表示。可以通过实体-关系模型（Entity-Relationship Model）来描述这些内容。国家与城市的实体关系模型图如图 1-3 所示。

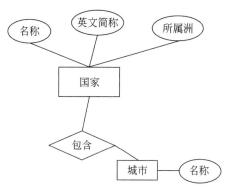

图 1-2　国家与城市对应关系　　　　图 1-3　国家与城市实体关系模型图

在数据关系操作中，可以通过关系代数中的并、交、差、除、投影、选择、笛卡儿积等方式完成对数据集合的操作。

在数据完整性约束中，关系模型通过实体完整性和参照完整性进行约束，数据库系统也会提供完整性的定义与检验机制。此外，用户还可以定义并检验与业务有关的完整性约束。

1.1.2　关系数据库的功能

数据库管理系统一般会提供对数据的定义、操作、组织、存储功能。同时也会提供数据库的通信、管理、控制等功能，具体包括以下功能。

（1）数据定义：提供数据定义语言（Data Definition Language，DDL），用于建立、修改数据库的库、表结构或模式，并将结构或模式信息存储在数据字典（Data Dictionary）之中。

（2）数据操作：提供数据操作语言（Data Manipulation Language，DML），用于增加（Create）、查询（Retrieve）、更新（Update）和删除（Delete）数据（合称 CRUD 操作）。

（3）数据持久化存储：用户对数据进行保存、更新、删除等操作的时候，将最新的数据进行持久化，使得数据的存储和计算分离，甚至可以将数据进行多副本存储，保证数据安全。

（4）数据监控和管理：数据库一般提供对存储数据的统计和监控功能，数据库的查询性能、缓存使用、连接数据等信息均可通过监控功能查询。

（5）保护和控制：可以支持多用户对数据并发控制，保证数据库的完整性、安全性，支持从故障和错误中恢复数据。

（6）通信与交互接口：可以实现高效存取数据（例如查询和修改数据），与其他的软件进行通信、数据操作等功能，提供标准的高级语言操作的 API。

除了提供一般的数据库管理功能，关系数据库还会提供事务（Transaction）的功能。事务是指对数据库数据的多个连续的操作作为一个整体来执行，要么全部执行，要么一个都不执行。在一个事务中，如果中间某个操作执行失败，需要回滚之前的所有操作，以保证事务的完整性。典型的事务的应用场景为银行之间的转账，如 A 向 B 通过银行卡转账 1000 元，需要将 A 的余额扣除 1000 元，将 B 的余额增加 1000 元，这两个操作必须在一起完成，要么都执行，要么都不执行，如果只执行完成一个操作，必定会造成数据的不一致，对业务产生严重的影响。

关系数据库中的事务正确执行，需要满足 ACID 原则，即原子性（Atomicity）、一致性（Consistency）、隔离性（Isolation）、持久性（Durability）四个特性。此外，关系数据库需要提供事务的恢复、回滚、并发控制、死锁解决等。

（1）原子性：整个事务中的所有操作，要么全部完成，要么全部不完成，不可以停滞在中间某个环节。事务在执行过程中发生错误，会被回滚（Rollback）到事务开始前的状态，就像这个事务从来没有执行过一样。

（2）一致性：事务在开始执行之前和全部完成或回滚之后，无论同时有多少并发事务或多少个串行事务接连发生，数据库的完整性约束都不会被破坏。

（3）隔离性：多个执行相同功能的事务并发时，通过串行化等方式，使得在同一时间仅有一个请求用于同一数据，这会让每个事务所看到的数据只是另一个事务的结果，而非另一个事物的中间结果。

（4）持久性：在事务完成以后，该事务对数据库所做的更改保存在数据库之中，不会被回滚，不会受到其他故障或操作的影响。

ACID 是关系数据库事务控制机制的最重要特性，一般关系数据库均支持这些特性。

1.1.3 关系数据库的优缺点

1. 关系数据库的优势

关系数据库已经发展并应用了多年，其相关产品功能已相当完善，与其相关的理论知识、相关技术等也都已完善，关系数据库是目前世界上应用最广泛的数据库系统。相比于其他类型的数据库，关系数据库主要有以下优点。

（1）容易理解：二维表结构非常贴近业务逻辑中实体的概念，实体和二维表之间可以实现很方便的映射，关系数据模型相对层次型数据模型和网状型数据模型等其他模型来说更容易理解。

（2）使用方便：通过 SQL 操作数据，大大简化了数据管理的成本，用户可以不必理解具体的数据处理过程，只需通过固定的 SQL 语法即可表达数据的查询方式。

（3）易于维护：丰富的完整性大大减少了数据冗余和数据不一致的问题。关系数据库提供对事务的支持，能保证系统中事务的正确执行，同时解决事务的恢复、回滚、并发控制和死锁问题。

2. 关系数据库的劣势

随着互联网的发展,各个业务场景对数据库的功能和性能要求越来越高,关系数据库也逐渐暴露出它的一些弊端,关系数据库主要的缺点如下。

(1) 性能下降严重:由于关系数据库使用二维表对数据存储,为了维护数据一致性付出了巨大的代价,当数据量较大时,其读写性能下降非常严重,产生严重的性能问题。

(2) 数据约束强:关系数据库在建表时,每一列都必须提前定义,表的结构固定,扩展困难。不能实现不同的数据记录拥有不同列的功能。

(3) 可扩展性差:关系数据为实现连续的数据存储,通常所有的数据在同一个机器上进行存储,这就造成数据量大时扩展性差,不能通过增加机器的方式进行横向的扩展,只能通过增加机器配置的方式解决。

1.2　NoSQL 数据库

1.2.1　NoSQL 数据库发展

NoSQL 一词最早出现于 1998 年,它是 Carlo Strozzi 开发的一个轻量、开源、不提供 SQL 功能的关系数据库。Carlo Strozzi 认为,因为 NoSQL 背离传统关系数据库模型,所以它应该有一个全新的名字,如 NoREL 或与之类似的名字。

2009 年,Last.fm 的 Johan Oskarsson 发起了一次关于分布式开源数据库的讨论,来自 Rackspace 的 Eric Evans 再次提出了 NoSQL 的概念,这时的 NoSQL 主要指非关系型、分布式、不提供 ACID 的数据库设计模式。

2009 年,在亚特兰大举行的“no:sql(east)”讨论会是一个里程碑,其口号是"select fun, profit from real_world where relational=false"。因此,对 NoSQL 最普遍的解释是“非关系型的”,强调键值存储和文档数据库的优点,而不是单纯地反对关系数据库。

传统关系数据库在处理数据密集型应用方面显得力不从心,主要表现在灵活性差、扩展性差、性能差等方面。最近出现的一些存储系统摒弃了传统关系数据库管理系统的设计思想,转而采用不同的解决方案来满足扩展性方面的需求。这些没有固定数据模式并且可以水平扩展的系统现在统称为 NoSQL(有些人认为称 NoREL 更合理),这里的 NoSQL 指的是“Not Only SQL”,即对关系型 SQL 数据系统的补充。NoSQL 系统普遍采用的一些技术如下文所述。

(1) 简单数据模型。不同于分布式数据库,大多数 NoSQL 系统采用更加简单的数据模型,在这种数据模型中,每个记录拥有唯一的键,而且系统只需支持单记录级别的原子性,不支持外键和跨记录的关系。这种一次操作获取单个记录的约束极大地增强了系统的可扩展性,而且数据操作就可以在单台机器中执行,没有分布式事务的开销。

(2) 元数据和应用数据的分离。NoSQL 数据管理系统需要维护两种数据:元数据和应用数据。元数据是用于系统管理的,如数据分区到集群中结点和副本的映射数据。应用数据就是用户存储在系统中的商业数据。系统之所以将这两类数据分开,是因为它们有不同的一致性要求。若要系统正常运转,元数据必须是一致且实时的,而应用数据的一致性需求则因应用场合而异。因此,为了达到可扩展性,NoSQL系统在管理两类数据时采用不同的策略。还有一些NoSQL系统没有元数据,它们通过其他方式解决数据和结点的映射问题。

(3)弱一致性。NoSQL系统通过复制应用数据来达到一致性。这种设计使得更新数据时副本同步的开销很大,为了减少这种同步开销,弱一致性模型如最终一致性和时间轴一致性得到广泛应用。

NoSQL数据库并没有统一的模型,但通常都被认为是关系数据库的简化,而非"第三代数据库"。NoSQL数据库一般会弱化"关系",即弱化模式或表结构、弱化完整性约束、弱化甚至取消事务机制等,其目的就是去掉关系模型的约束,以实现强大的分布式部署能力——一般包括分区容错性、伸缩性和访问效率(可用性)等。

一些互联网公司着手研发(或改进)新型的、非关系型的数据库,这些数据库被统称为NoSQL,常见的NoSQL数据库包括HBase、Cassandra和MongoDB等。此类数据库及其模型有些早就存在,但是在互联网领域才获得大的发展和关注。和Hadoop、Spark等知名的大数据批处理不同,NoSQL数据库一般提供数据的分布式存储、数据表的统一管理和维护,以及快速的分布式写入和简单查询功能等,一般不直接支持对数据进行复杂的查询和处理(例如关联查询、聚合查询等)。

目前,很多商业软件公司对原生的NoSQL软件进行了扩展、优化和企业级封装,并向传统行业和普通学习者进行推广。例如,整合多种大数据软件到一个平台,使之能够协同工作;构建易部署、易管理、易维护的大数据软件平台,使之满足大企业对IT服务规范化的需求,且简化管理难度;对原生大数据软件二次开发,使之支持SQL语句、事务机制等关系数据库特性,以提高易用性,扩展应用范围;以及独立研发自己的NoSQL软件等。上述领域的知名公司和产品包括:华为公司的FusionInsight,Cloudera公司的Cloudera Manager,以及受Hortonwork公司支持的开源软件Ambari等。

此外,很多公有云服务商也都提供了在线的NoSQL数据库(以及关系数据库),用户可以在免安装、免维护的情况下使用这些数据库。例如,亚马逊的公有云服务AWS中,提供了名为DynamoDB的NoSQL数据库服务,阿里云、腾讯云等知名云服务商也均提供了在线的Key-Value数据库服务(NoSQL数据库的一种)。

一家名为DB-Engines的网站通过采集知名搜索引擎、社交网络和招聘网站信息等方式,对全球数据库的流行度(Popularity)进行评分和排名,如图1-4所示,位置靠前说明软件的流行度较高。网站的地址为https://db-engines.com/en/ranking。

从2021年3月的排名来看,网站对334个数据库系统软件进行了评分,排名前10名中有7个关系数据库(Database Model为Relational),其中排前4位的均为关系数据库。非关系数据库则占3位,其Database Model则有多种形式。

该排名无法作为"哪种数据库更优秀"的权威参考,但可以从一个侧面说明,关系数据库仍是应用最广泛的数据库,而NoSQL数据库的应用范围也十分广泛,其类型和实现方式也是多种多样的。

事实上,NoSQL数据库和关系数据库是互补关系,在不限定场景的情况下,无法比较谁更强大。关系数据库能够更好地保持数据的完整性和事务的一致性,以及支持对数据

Rank			DBMS	Database Model	Score		
Mar 2021	Feb 2021	Mar 2020			Mar 2021	Feb 2021	Mar 2020
1.	1.	1.	Oracle ✚	Relational, Multi-model ⓘ	1321.73	+5.06	-18.91
2.	2.	2.	MySQL ✚	Relational, Multi-model ⓘ	1254.83	+11.46	-4.90
3.	3.	3.	Microsoft SQL Server ✚	Relational, Multi-model ⓘ	1015.30	-7.63	-82.55
4.	4.	4.	PostgreSQL ✚	Relational, Multi-model ⓘ	549.29	-1.67	+35.37
5.	5.	5.	MongoDB ✚	Document, Multi-model ⓘ	462.39	+3.44	+24.78
6.	6.	6.	IBM Db2 ✚	Relational, Multi-model ⓘ	156.01	-1.60	-6.55
7.	7.	↑8.	Redis ✚	Key-value, Multi-model ⓘ	154.15	+1.58	+6.57
8.	8.	↓7.	Elasticsearch ✚	Search engine, Multi-model ⓘ	152.34	+1.34	+3.17
9.	9.	↑10.	SQLite ✚	Relational	122.64	-0.53	+0.69
10.	↑11.	↓9.	Microsoft Access	Relational	118.14	+3.97	-7.00
11.	↓10.	11.	Cassandra ✚	Wide column	113.63	-0.99	-7.32
12.	12.	↑13.	MariaDB ✚	Relational, Multi-model ⓘ	94.45	+0.56	+6.10
13.	13.	↓12.	Splunk	Search engine	86.93	-1.61	-1.59
14.	14.	14.	Hive	Relational	76.04	+3.72	-9.34

图 1-4　数据库流行度评分和排名

的复杂操作,在现实中拥有更普遍的适用领域。NoSQL 数据库做不到上述这些,但是可以更好地实现分布式环境下对数据的简单管理和查询,即在大数据业务领域具有更大价值。

最后需要说明的是,NoSQL 这个概念并不是一个严谨的分类或定义。在 20 世纪90 年代,曾经有一款不以 SQL 作为查询语言的关系数据库叫 NoSQL,这显然和NoSQL 当前的含义不同。之后在 2009 年的一个技术会议上,NoSQL 被再次提出,其目的是为"设计新型数据库"这一主题加上一个简短响亮的口号,使之更容易在社交网络上推广。

因此 NoSQL 更多的是代表一个趋势,而非对新型数据库进行严谨的分类和定义。有人将 NoSQL 解释为"No More SQL"或"Not Only SQL"等,但作为分类标准和定义来看,也都不严谨。如果对公认被看作 NoSQL 的数据库系统特征进行归纳,可以得出NoSQL 的一般特征包括:集群部署的、非关系型的、无模式的数据库,以及通常是开源软件等。

1.2.2　NoSQL 与大数据

大数据(Big Data)是以容量大、类型多、存取速度快、应用价值高为主要特征的数据集合,正快速发展为对数量巨大、来源分散、格式多样的数据进行采集、存储和关联分析,从中发现新知识,创造新价值,提升新能力的新一代信息技术和服务业态(《促进大数据发展行动纲要》)。

1980 年,美国作家阿尔文·托夫勒(Alvin Toffler)所著的《第三次浪潮》(*The Third Wave*)中预测了信息爆炸所产生的社会变革,并称之为"第三次浪潮的华彩乐章"。从 20世纪 90 年代开始,数据仓库之父比尔·恩门(Bill Inmon)以及 SGI 公司的首席科学家约翰·马什(John R. Mashey),都开始使用"大数据"这个名词。

2006 年 8 月,谷歌公司提出了"云计算"(Cloud Computing)的概念,但其含义既涵盖了现在的云的概念,如亚马逊的 EC2、S3 等云服务内容,也包含现在大数据的内容,如

Hadoop系统、MapReduce架构等。大约在2011年以后，大数据的概念逐渐升温，大数据和云计算成为两个截然不同的名词，其内涵也逐渐固定下来——云计算强调通过网络和租用方式使用IT资源，大数据则强调对数据内容进行价值挖掘。

目前，大数据并没有一个统一的定义，大数据这个名词和NoSQL有类似之处，即都属于很好听、易炒作的名词，因此虽然流传广泛，但并不够严谨。随着时代的发展，热点名词可能会发生演变，例如，NoSQL演变出NewSQL，大数据演变出数据科学等概念，但名词之中包含的共性特点及发展趋势是较稳定的。和NoSQL一样，对大数据这一名词，也需要从其特征归纳、历史和发展趋势进行理解。

目前大数据已经获得全球政府和各行各业的广泛关注。美国在2012年发布的《大数据研究和发展计划》中，旨在提高从大型复杂数据集中进行价值挖掘的能力。欧盟、英国、日韩等也相继发布了自己的大数据战略规划。

2015年5月，我国首次明确对大数据产业进行规划，同年9月，国务院则印发了《促进大数据发展行动纲要》，指明我国大数据发展的主要任务是：加快政府数据开放共享，推动资源整合，提升治理能力；推动产业创新发展，培育新兴业态，助力经济转型；强化安全保障，提高管理水平，促进健康发展。

在互联网行业和传统工商业，到处都能看到大数据的蓬勃发展和成功案例，无论是商业精准营销、城市的电力消耗预测、基因组测序研究，还是公路拥堵分析等场景中，都可以看到大数据发挥的作用。"用数据说话"的理念也在深入各行各业，通过数据来证明结论、支持决策可以带来更低的创新成本，提高决策的可信度和管理的精细度。

在技术上，大数据业务需要完成数据采集、数据的存储和管理、数据查询、数据处理、数据分析和可视化展示等一系列基本环节。由于容量大、持续增长等原因，大数据业务系统一般会基于分布式系统构建，考虑到分布式系统可能存在的结点、网络故障，以及可能产生的传输瓶颈等问题，分布式系统的建设难度远大于单机系统。此外，还要考虑大数据安全与隐私保护，以及大数据交易与计费等扩展问题。

通常情况下，关系数据库应用系统可以通过不断升级硬件配置的方法，来提高其数据处理能力，这种升级方式称为纵向扩展（Scale Up）。20世纪60年代，英特尔公司的创始人戈登·摩尔（Gordon Moore）断言：当价格不变时，集成电路上可容纳的晶体管数目，每隔18～24个月会增加一倍，性能也会提升一倍。因此，升级硬件的方式可以使关系数据库的单机处理能力持续提升。但是近年来，随着摩尔定律逐步"失效"，计算机硬件更新的脚步放缓，计算机硬件的纵向扩展受到约束，难以应对互联网数据爆发式的增长。

在古时候，人们用牛来拉圆木，当一头牛拉不动时，他们不会去培育更大的牛，而是会采用更多的牛。这种采用"更多的牛"的扩展方式称为横向扩展（Scale Out），即采用多个计算机组成集群，共同对数据进行存储、组织、管理和处理。面对大数据的挑战，传统的关系数据库渐渐不再满足更多的业务场景，NoSQL通过其高扩展、高并发、易管理等优势逐渐在大数据领域发挥着越来越重要的作用。

1.2.3 NoSQL 的特点

在软件实现上,NoSQL 数据库通常具有以下两个特点。

一是流行的 NoSQL 软件很多诞生在互联网领域中,主要为满足互联网业务需求而生。这使传统的电信、电力或金融等行业在利用 NoSQL 构建本行业的大数据应用时存在难度,一方面是由于技术人员可能没有掌握这些工具;另一方面是由于这些软件工具在设计之初,并没有过多考虑传统行业中大数据业务的现状和需求。

二是知名的 NoSQL 软件一般是开源(Open Source)免费的,包括本书介绍的所有 NoSQL 数据库。这可以看作是强调开放和共享的"互联网精神"的体现。开源免费使得这些软件工具的使用成本大大降低,但也使这些软件缺少商业化运作,缺乏完善的说明文档和技术服务,加之这些软件工具采用了新型的设计理念、数据结构和操作方法,致使学习难度较高。此外,NoSQL 数据库的价值体现在利用分布式架构处理海量数据,但是个人学习者难以构建分布式环境,也难以轻易获得海量的实验数据。

NoSQL 数据库主要面向传统关系数据库难以支撑的大数据业务。这些业务数据一般存在如下特点。

一是数据结构复杂。例如,对不同的业务服务器或工业设备进行实时数据采集,其数据结构、属性维度和单位等都可能存在差异。此时采用非关系型的数据描述方法,如 XML、JSON 等,可能会更加方便。此外,关系数据库设计方法中的范式和完整性要求等,在 NoSQL 数据库设计中一般不会被遵循。

二是数据量大,必须采用分布式系统而非单机系统支撑。此时 NoSQL 数据库需要解决以下问题。

(1)如何将多个结点上的数据进行统一管理,如何对集群内的计算机及其计算存储资源进行统一管理、调度和监控。

(2)如何尽可能将数据进行均匀存储,如何在集群中对数据进行分散存储和统一管理。

(3)如果增加结点或减少结点,如何使整个系统自适应,能够向集群指派任务,能够将任务并行化,使集群内的计算机可以分工协作、负载均衡。

(4)考虑到结点和网络可能发生错误,如何确保数据不丢失,查询结果没有缺失。当集群中的少量计算机或局部网络出现故障时,集群性能虽略有降低,但仍然可以保持功能的有效性,且数据不会丢失,即具有很强的分区容错性。

(5)如何尽可能提高数据管理能力和查询效率,如何尽可能提高系统的稳定性,利用集群执行所需的数据查询和操作时,性能远超单独的高性能计算机。

(6)如何提高系统的易用性,使用户在无须了解分布式技术细节的情况下,使用 NoSQL 数据库系统。如何用简单的方式部署集群、扩展集群,以及替换故障结点,即具有很强的伸缩性。

为解决上述问题,NoSQL 数据库通过降低系统的通用性,以及牺牲关系数据库中的某些优势特点,如事务和强一致性等,以换取在分布式部署、横向扩展和高可用性等方面的优势。

1.3　NoSQL 数据库分类及应用场景

前文已经描述过 NoSQL 这个概念并不是一个严谨的分类或定义,所以在真正的数据库实现上也没有严格的定义数据库一定要遵循某种形式。在日常工作中,常用的 NoSQL 的数据库根据其存储的形式可分为四种,分别为文档数据库、列族数据库、键值对数据库和图数据库。

1.3.1　文档数据库

文档数据库的灵感来自于 Lotus Notes 办公软件。其主要目标是在键值存储方式(提供了高性能和高伸缩性)以及传统的关系数据系统(丰富的功能)之间架起一座桥梁,集两者的优势于一身。其数据主要以 JSON 或者类 JSON 格式的文档来进行存储,是有语义的。文档数据库可以看作是键值数据库的升级版,允许在存储的值中再嵌套键值,且文档存储模型一般可以对其值创建索引来方便上层的应用,而这一点是普通键值数据库无法支持的。

文档数据库对数据结构要求不严格,表结构可变,不像关系数据库需要预先定义表结构,但也是因为文档数据库结构定义过于灵活,造成其复杂查询性能不高,而且缺乏统一的查询语法。

应用文档数据模型的数据库主要有 MongoDB、CouchDB。

MongoDB(来自于英文单词 Humongous,中文含义为“庞大”)是可以应用于各种规模的企业、各个行业以及各类应用程序的开源数据库。作为一个适用于敏捷开发的数据库,MongoDB 的数据模式可以随着应用程序的发展而灵活地更新。与此同时,它也为开发人员 提供了传统数据库的功能:二级索引,完整的查询系统以及严格一致性等。MongoDB 能够使企业更加具有敏捷性和可扩展性,各种规模的企业都可以通过使用 MongoDB 来创建新的应用,提高与客户之间的工作效率,加快产品上市时间,以及降低企业成本。

MongoDB 是专为可扩展性、高性能和高可用性而设计的数据库。它可以从单服务器部署扩展到大型、复杂的多数据中心架构。利用内存计算的优势,MongoDB 能够提供高性能的数据读写操作。MongoDB 的本地复制和自动故障转移功能使用户的应用程序具有企业级的可靠性和操作灵活性。

MongoDB 主要解决的是海量数据的访问效率问题,根据官方的文档,当数据量达到 50 GB 以上的时候,MongoDB 的数据库访问速度是 MySQL 的 10 倍以上。由于 MongoDB 可以支持复杂的数据结构,而且带有强大的数据查询功能,因此非常受欢迎,很多项目都考虑用 MongoDB 替代 MySQL 来实现不是特别复杂的 Web 应用。

CouchDB 是 Apache 组织发布的一款 NoSQL 开源数据库项目,是面向文档数据类型的 NoSQL。它是用 Erlang 开发的面向文档的数据库系统,其数据存储方式类似 Lucene 的 Index 文件格式。CouchDB 最大的意义在于它是一个面向 Web 应用的新一代存储系统,事实上,CouchDB 的口号就是:下一代的 Web 应用存储系统。

CouchDB 的数据结构很简单,字段只有三个:文档 ID、文档版本号和内容。内容字段可以看成是一个 Text 类型的文本,里面可以随意定义数据,而不用关注数据类型,但数据必须以 JSON 的形式表示并存储。

CouchDB 目前的优势在于:它的数据存储格式是 JSON,而 JSON 为作为一种文本数据可以广泛用于多种语言模块之间的数据传递,便于学习。而且 CouchDB 还可以移植到移动设备,当用户不能联网时,可以在客户端保存数据;当能联网时,可以自动把数据同步到各个分布式结点。CouchDB 还支持分布式结点的精确复制同步,可以在一个庞大的应用中,随意增加分布式的 CouchDB 结点,以支持数据的均衡。

1.3.2　列族数据库

列式存储也主要使用类似于"表(Table)"这样的传统数据模型,但是它并不支持类似表连接这样多表的操作,它的主要特点是在存储数据时,主要围绕着"列(Column)",而不是像传统的关系数据库那样根据"行(Row)"进行存储。也就是说,属于同一列的数据会尽可能地存储在硬盘同一个页(Page)中,而不是将属于同一行的数据存放在一起。这样做的好处是,对于很多具有海量数据分析需求的应用,虽然每次查询都会处理很多数据,但是每次所涉及的列并没有很多,因此如果使用列族数据库的话,将会节省大量 I/O 操作。

列是列族数据库的基本存储单元。列有名称和值。某些列族数据库除了名称和值外,还会给列赋予时间戳(timestamp),若干个列的数据可以构成一个行,各行之间可以具备相同的列,也可以具备不同的列。如果列的数量比较多,还可以把相关的列分成组,这些由列构成的组就叫作列族(Column Family)。大多数列式数据库都支持"列族"这个特性,所谓列族即将多个列并为一个组。而从宏观上来看,这类数据模型又类似于键值存储模型,只不过这里的值对应于多个列。这样做的好处是能将相似的列放在一起存储,提高这些列的存储和查询效率。

总体而言,这种数据模型的优点是比较适合数据分析和数据仓库这类需要迅速查找且数据量大的应用。

应用列族数据模型的数据库主要有 HBase。

HBase 是 Apache 的 Hadoop 项目的子项目,是 Hadoop Database 的简称。HBase 是一个高可靠性、高性能、面向列、可伸缩的分布式存储系统,利用 HBase 技术可以在廉价的 PC Server 上搭建起大规模结构化存储集群。HBase 不同于一般的关系数据库,它是一个适合于非结构化数据存储的数据库,HBase 基于列的而不是基于行的模式。从技术角度来讲,它更像是分布式存储而不是分布式数据库,它缺少很多 RDBMS 的特性,如列类型、辅助索引、触发器和高级查询语言等待。HBase 的主要特性如下。

(1)强读写一致,但不是"最终一致性"的数据存储,这使它非常适合高速的计算聚合。

(2)自动分片,通过 Region 分散在集群中,当行数增长的时候,Region 也会自动切分和再分配。

(3)自动的故障转移。

（4）Hadoop/HDFS 集成和 HDFS 开箱即用。

（5）操作管理方便，HBase 提供了内置的 Web 界面来操作，还可以监控 JMX 指标。

1.3.3 键值对数据库

键值对模式也就是 Key-Value 模式。在这种数据结构中，数据表中的每个实际行只具有行键（Key）和数值（Value）两个基本内容。值可以看作是一个单一的存储区域，可能是任何的类型，甚至是数组。在实际的软件实现中，可能会存储时间戳、列名等信息，也就是说，每个值可能都有不同的列名，不同键所对应的值，可能是完全不同的内容（完全不同的列）。因此，表的结构（表中包含的列、其值域等）无法提前设计好，也就是说，这种键值模式的表是无结构的。在应用时，相同行键的行被看作属于同一个逻辑上的行（类似元组的概念）。

键值模式适合按照键对数据进行快速定位，还可以通过对键进行排序和分区，以实现更快速的数据定位。但如果对值内容进行查找，则需要进行全表的遍历，在大数据场景下效率较低。如果将键值模式部署在分布式集群上，可以根据键将数据分块部署在不同结点上，这样可以实现并行的数据遍历，查找效率会有明显提升。但如果进行关系数据库中很常见的关联查询，则需要在键值对数据库上通过复杂的编程实现，受制于大数据场景下的数据总量，其关联查询效率也很难提高。

现实中，键值模式的 NoSQL 数据库通常不会支持对值建立索引，因为值对应的列不确定，且在分布式情况下进行增删改查时，需要对索引进行维护和重建，考虑到排序后的键就是天然的一级索引，值的索引可以看作二级索引，该问题通常较难解决，一些 NoSQL 数据库可以通过二次开发的方式实现二级索引。

比较有名的键值存储模式有 Redis。此外，在 Java、C♯等编程语言中，会用到哈希表这种数据结构，实际也是采用了键值存储，哈希表通常以变量形式加载到内存中，以实现快速查找。

Redis 本质上是一个键值模型的内存数据库，整个数据库加载到内存中进行数据操作，并定期通过异步操作把数据库数据写回到硬盘上进行保存。因为是纯内存操作，Redis 的性能非常出色，每秒可以处理超过 10 万次读写操作。

Redis 的出色之处不仅是性能，其最大的特色是支持诸如链表和集合这样的复杂数据结构，而且还支持对链表进行各种操作。例如，从链表两端加入和取出数据，取链表的某一区间，对链表排序，以及对集合进行各种并集交集操作。此外，单个值可以支持多达 1GB 的数据。因此，Redis 可以用来实现很多有用的功能。例如，用它的链表数据结构来做 FIFO 双向链表，实现一个轻量级的高性能消息队列服务，用它的集合数据结构可以做高性能的标签系统等。因为 Redis 可以对存入的键值设置生存周期，所以还能当作一个功能加强版的 Memcached。

Redis 的主要缺点是数据库容量受到物理内存的限制，不能简单地用作大量数据的高性能读写，并且它没有原生的可扩展机制，不具有可扩展能力，要依赖客户端来实现分布式读写。因此，Redis 适合的场景主要局限在较小数据量的高性能操作和运算上。

1.3.4　图数据库

从数据模型的早期发展来看,主要有两个流派:传统关系数据库所采用的关系模型和语义网采用的网络结构。这里的网络结构即图。尽管图结构在理论上也可以用关系数据库模型规范化,但由于关系数据库的实现特点,对文件树这样的递归结构和社交图这样的网络结构执行查询时,数据库性能受到严重影响。在网络关系上的每次操作都会导致关系数据库模型上的一次表连接操作,以两个表的主键集合间的集合操作来实现。这种操作不仅缓慢而且无法随着表中元组数量的增加而伸缩。

为了解决性能缺陷,人们提出了图形模型。按照该模型,一个网络图结构主要包含以下几个构造单元:结点(或称顶点)的 ID 和属性,结点之间的连线(或称边、关系),边的 ID、方向和属性(例如转移函数等)。常见的点线拓扑关系有网页之间的链接关系,社交网络中的关注与转发关系等。

在图存储模式中,每个结点都需要有指向其所有相连对象的指针,以实现快速的路由。因此图存储模式比传统二维表模式更容易实现路径的检索和处理。此外,由于图数据库中的结点都是相互连接的,因此对数据进行分片和分布式部署较为困难。图存储可以用在搜索引擎排序、社交网络分析和推荐系统等领域。采用图结构存储数据可以应用图论算法进行各种复杂的运算,如最短路径计算、测地线、集中度测量等。

常见的图存储数据库有 Neo4j 等。

Neo4j 是一个高性能的 NoSQL 图形数据库,它将结构化数据存储在图上而不是表中。它是一个嵌入式的、基于磁盘的、具有完全的事务特性的 Java 持久化引擎。Neo4j 也可以被看作一个高性能的图引擎,该引擎具有成熟数据库的所有特性。开发人员在一个面向对象的、灵活的网络结构下而不是严格、静态的表中,但是它们可以享受到具有完全的事务特性、企业级的数据库的所有好处。

Neo4j 因其嵌入式、高性能、轻量级等优势,越来越受到关注。

1.4　NewSQL 数据库

1.4.1　NewSQL 数据库简介

NoSQL 放弃了关系数据库的很多特性,这使传统的关系数据库使用者感到不便,例如,NoSQL 难以实现在线的事务处理业务,NoSQL 数据库很多都不支持 SQL,或者即便可以通过扩展组件来支持 SQL,也只支持标准 SQL 的一个小的子集。因此有人提出结合关系数据库和 NoSQL 数据库的优点,构建出新型的数据库形式,并称之为 NewSQL。

1.4.2　NewSQL 数据库特点

NewSQL 一般被看作传统关系数据库的延伸,是在关系数据库系统的基础上通过吸收 NoSQL 的优点而形成的。NewSQL 被描绘成既支持关系数据模型和强事务机制,也支持分布式并行结构(具有良好的伸缩性和容错性)的数据库形式,以及可以通过 SQL 语句进行查询等。目前,已经有很多企业宣布在进行 NewSQL 的设计、开发和使用,也有一些开源软件发布出来,如 TiDB 等。

从 NewSQL 的发展现状来看,有两个特点值得注意:一是 NewSQL 仍缺乏一个权威的定义,其归类也比较模糊,例如,一些文章会将某些内存数据库或者某些关系数据库的扩展系统归类为 NewSQL;二是目前缺少知名度较高的 NewSQL 产品,这一点从 DB-Engines 网站的排名也可以看到。

从发展趋势上看,因为关系数据库和 NoSQL 数据库总会存在"顾此失彼"的难题,所以 NewSQL 仍然是业界的一个不断探索与完善的重要方向,很多 NoSQL 数据库的设计者也在尝试提供对 SQL 语句的支持,以及对事务特性的部分支持。

第 **2** 章

NoSQL数据库基本原理

NoSQL 是一种数据库概念,用于泛指非关系数据库。NoSQL 数据库的分布式系统管理大量数据,通过数据分片将数据均匀地分散和备份到多个结点中。数据分片后,NoSQL 数据库通过"一次写入多次读取"机制和保持分片有序机制来实现读写分离。NoSQL 数据库的分布式存储还需要关注可伸缩性和副本一致性问题。

随着互联网的发展和纯动态网站的广泛应用,传统关系数据库在处理这些超大规模和高并发请求时显得力不从心,出现了很多难以克服的问题。在这种情况下,NoSQL 数据库凭借其本身的结构特性得到了迅速发展。区别于关系数据库,NoSQL 数据库不保证关系数据的 ACID 特性,它具有极强的可扩展性。在面对大量数据和高性能需求时,NoSQL 数据库都具有非常高的读写性能,这使其在大数据时代表现优异。

本章对 NoSQL 数据库的基本原理特性进行了详细描述。NoSQL 数据库正是凭借这些特性获得了其强大的可扩展性。

2.1 分布式数据管理特点

2.1.1 数据分片

为了处理大数据业务,NoSQL 数据库通常运行在分布式集群上。开发人员通过增加结点的数量实现分布式系统的横向扩展。目前常见的做法是利用廉价、通用的 x86 服务器或虚拟服务器作为结点,利用局域网和 TCP/IP 实现结点之间的互连,集群一般不会跨数据中心、通过广域网连接。

将数据均匀分布到各个结点上,可以充分利用各个结点的处理能力、存储能力和吞吐能力,可以利用多个结点实现多副本容错等,但同时也会带来数据管理、消息通信、一致性,以及如何实现分布式事务等问题。

数据分布在多个结点上,当执行查询操作时,各个结点可以并行检索自身的数据,并将结果进行汇总。为了实现并行检索,需要解决以下两方面问题。

一是元数据存储问题。数据被统一维护、分布存储。数据能够按照既定的规则分配存储到各个结点上。用户可能不知道整个集群的拓扑和存储状态,但由于数据是统一维护的,因此用户的查询有两种方式可以实现。

(1)用户首先访问一个统一的元数据服务器或服务器集群,查找自己所需的数据在哪些结点上。用户或元数据服务器再通知相应结点进行本地扫描。

(2)用户访问集群中的特定或任意结点,结点再向自身或其他结点问询数据的存储情况,如果所问结点不知道相应的情况,则再利用迭代或递归等形式向别的结点询问。

二是数据负责均衡的问题。数据理论上是被均匀存储的,即数据平均分布在所有结点上,也可以根据结点性能进行调整。数据均匀存储有利于存储和查询时的负载均衡,但均匀性与存储策略和业务逻辑有很大关系。

假设一个存储集群中存在三台服务器,分别存储了北京、上海和广州三地的商品销售日志。如果用户查询"A 商品的销售情况",那么三台服务器都会查询自身的数据,并将所有结果汇总到用户接口,此时的效率是比较高的。但如果用户查询"北京 A 商品的销售情况",则只有存储北京数据的服务器开始执行,其他两台服务器不起作用,因为它们并没有存储相关的数据。

这种将数据"打散",实现均匀分布的做法称为数据分片或数据分块,目的就是将大数据集切分成小的数据集,并均匀分布到多个结点上。数据分片的原理如图 2-1 所示。

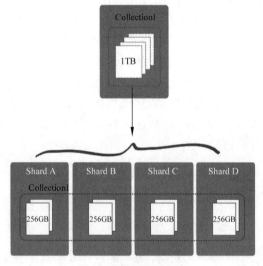

图 2-1　数据分片原理

在使用 NoSQL 数据库时,用户一般可以对分片大小、分片算法等策略进行配置。但分片功能一般是自动实现的,这包括:分片边界、存储位置等信息的维护;根据写入数据的特征,决定数据该归属哪一个分片,并将数据写入负责该分片的结点。此外,数据库系统还需要考虑当分片过大或系统扩展时,将分片进行进一步的切分等功能。

2.1.2　数据多副本存储

分布式集群可能经常存在两方面问题：局部网络故障和少量结点故障。局部网络故障有暂时的网络拥塞或者网络设备的损坏等；结点故障有结点的暂时故障或存储数据的永久损失等。一方面，NoSQL进行分布式部署时，集群规模可能达到上百或上千结点。假设每个结点的无故障概率是99%，则在长期运行时，集群中出现故障结点的情况会经常出现。另一方面，大数据领域的一些数据处理方法会产生大量的网络数据传输，此时很有可能造成网络的拥塞，甚至造成某些结点暂时性的无法通信，使该结点上数据处理的结果或中间结果丢失。

考虑到潜在支持的集群规模和数据规模，NoSQL数据库一般会将出错看作常态，而非异常，这就要求分布式的NoSQL数据库能够做到容错和故障恢复。在容错方面，NoSQL数据库通常会支持多副本，即将一个数据分片复制为多份，并复制到多个结点上，当少量结点故障或局部网络故障时，可以通过访问其他副本，使数据仍保持完整，确保对数据的查询和数据处理任务能够正确返回所有结果。

如果将数据复制为多个副本，则产生以下两个问题。

一是存储策略问题，即需要多少副本，如何存储这些副本。传统应用可能采用Raid1（磁盘镜像）或Raid5（采用$N+1$备份的方式）进行数据容错，但这些机制都运行在单机上，只能应对磁盘错误，无法应对系统故障或网络故障。NoSQL等大规模分布式系统一般不会或不仅采用这种单机容错机制，而是将数据跨结点备份。在复制份数上，一般会采用可调整的数据副本策略，即支持用户根据业务需求调整副本数量，但系统一般会给出一个默认数量或推荐副本数量。

二是如何实现多个副本的复制，如何保持多个副本的内容相同。当追加数据时，一般会先将数据写入一个副本，并将该数据复制足够数的副本，当修改数据时，也会先修改一个副本，再将修改同步到所有副本，使所有副本的状态保持一致。多副本数据一致性主要面临以下问题。

（1）当用户发起写入和修改时，是可以向任意副本写入，还是只能写入指定副本？前者可以看作一种对等模式，后者可以看作一种主从模式。

（2）当用户写入和修改时，需要所有副本状态一致，才判定写入成功，还是一个副本写入成功就判定写入成功？前者可以确保副本状态一致，但会产生低效率问题。

（3）如果在数据复制、同步的过程中出现故障，那就会造成副本不一致。如何解决副本不一致的问题？

（4）当用户读取数据时，是否需要对比不同副本之间的差异？如果发现差异如何处理？处理方法如何兼顾数据质量和效率？

对于上述问题，不同的系统会采用不同的策略，但很难得到一个完美的解决方案。一般NoSQL数据库解决数据的多副本问题，均会采用软件的方式实现，软件的方式更适合在大规模集群中实现数据的副本和数据同步。

2.1.3　读写分离

当进行数据分片以后，NoSQL通常还会实现两种机制，一是经常将数据视为"一次写入多次读取",二是保持数据块(分片)中的记录是有序的,此外还可能对数据块使用索引或过滤机制,例如布隆过滤器。

一次写入多次读取(Write Once Read Many,WORM)并非一种特定的技术,但对NoSQL的设计理念有重要影响。例如,一些分布式存储系统或NoSQL系统不支持对已存在的数据块(分片)中的记录进行更新、改写和删除,只是有限度地支持数据追加。所谓有限度,指系统可能不支持将记录追加到已有数据分块的末尾,而只支持将数据写入新的分块,一旦数据分块(以分块文件形式存在)关闭,则不再支持追加。

这些机制看起来局限性很大,但考虑到很多大数据业务面对的是采集到的日志、网页、监控信息等数据,这些数据在采集(以及预处理)后不再进行修改,但可用来进行各种各样的查询和分析,即符合一次写入多次读取的特征。

通过弱化数据更新和删除操作,使NoSQL在查询性能、数据持续分片能力和数据多副本维护等方面变得更加容易。首先,NoSQL一般会在一个数据块内对数据先排序再持久化存储,这使块内查询效率更高。由于不支持数据改写,因此一旦存储完成,则不再需要维护数据块内的顺序性。其次,如果希望将一个数据块拆分为两个小块(并存储到不同结点上),只需要从中间合适的位置切分即可,不需要进行额外的操作。最后,数据块的多个副本状态一致后,一般不会再出现不一致性的状态,因为相同ID的数据块不会再发生变化。

虽然很多NoSQL在底层是一次写入多次读取的。但是在用户层面,可能仍然支持常规的增删改查操作,这主要是通过数据多版本的追加来实现的。例如,用户写入一个数据a,假设其版本为v1,该数据记录为:

```
(key,a,update,v1)
```

如果用户将该数据(相同key)的数值从a改成b,则可以追加一条记录:

```
(key,b,update,v2)
```

当进行查询时,系统会遍历所有分块,将相同key的数据都查询出来,但只将版本号最大的数据呈现给用户。

如果用户删除该数据,则可以再追加一条记录:

```
(key,b,delete,v2)
```

也就是为该记录打一个删除标记。

考虑到数据块中可能存储了过多的历史版本,或者过多的已被打上删除标记的数据,需要定期对数据块进行维护。维护的方法是将数据块整体读取,过滤掉不需要的记录,再整体写入新的文件中,该过程仍然是一个有限度的数据追加过程。

一次写入多次读取的另一个潜在的好处,是提高机械磁盘的IO性能和可靠性。这是因为,在数据块的写入过程中,(机械磁盘的)磁头是顺序访问磁盘的。如果支持随机改写和删除记录,且磁盘中有多个数据块(文件),则磁头每次写入需要首先访问FAT表获取文件所在扇区,然后再进行具体条目的改写或删除,这在数据操作频繁的情况下,可能造成 IO 瓶颈,以及磁盘加速老化。

当进行数据读取时,因为数据分块都是内部有序的,所以只需要对相关的数据块进行顺序遍历即可,甚至可以将整个分片读取到内存中以加速查询。显然这种顺序遍历的查询方法也存在局限性,但可以通过过滤器等技术提升遍历的效率。

2.1.4　分布式系统的可伸缩性

大数据业务系统中,数据会持续采集、处理、存储。因此分布式系统集群可能会逐渐出现容量和性能瓶颈。NoSQL 强调采用横向扩展的方式解决问题,即通过增加结点的方式提升集群的数据存储与处理能力。在集群扩展上需要解决如下问题。

(1) 更新结点状态。即系统中的已有结点能够发现新加入的结点,并使其发挥作用。

(2) 数据重新平衡。新结点加入后,数据存储系统需要重新评估集群的现状,将旧结点上的数据酌情转移到新结点上,使数据在所有结点上均衡存储。此外,还需要解决重新平衡之后的数据查询和管理等问题。一些 NoSQL 数据库可能会对数据进行分片,此时还需要考虑如何对分片进行重新规划,例如,将比较大的分片进行再次切分等。

(3) 对业务影响小。在应用中,一般强调集群扩展时对业务的影响要最小,甚至做到在集群不停止运行的情况下可以动态地增加结点、平衡数据。此外,对业务影响小还包含方便性的考虑,即升级时所用的硬件是通用的,配置过程是简单的。

如果集群中出现故障结点,需要将其移除。但数据库系统可能采用了多副本机制,在移除故障结点之后,必然出现部分数据副本数量不足的情况。此时仍然需要解决这三个问题。

(1) 更新结点状态。系统能够将失效结点定位,数据写入和查询请求不会再依靠失效的结点。

(2) 数据重新平衡。系统将原本应存储在失效结点上的数据副本转移到其他健康的结点上。因为此时结点可能已经失效,所以需要从数据的其他副本复制得到新副本。

(3) 对业务影响小。这主要理解为系统具有分区容错性,当出现故障结点以及移除故障结点之后,分布式系统仍然可以持续运行。

可见,当设计分布式系统集群的伸缩功能时,需要从集群状态维护、数据平衡和高可用性三个方面考虑。

2.2　分布式系统的一致性问题

2.2.1　CAP 原理

CAP 是指分布式系统中的一致性(Consistency)、可用性(Availability)、分区容错性(Partition Tolerance)三个特性。

CAP 原理最早出现在 1998 年,2000 年在波兰召开的可扩展分布式系统研讨会上,加州大学伯克利分校的布鲁尔(Eric Brewer)教授发表了题为 *Towards Robust Distributed Systems* 的演讲,对这个理论进行了讲解。2002 年,麻省理工学院的赛斯·吉尔伯特

(Seth Gilbert)和南希·林奇(Nancy Lynch)发表论文 *Brewer's Conjecture and the Feasibility of Consistent,Available,Partition-Tolerant Web Services*,证明了在分布式系统中,CAP 三个特性不可兼得,只能同时满足两个。

一致性是指分布式系统中所有结点都能对某个数据达成共识。在关系数据库理论中,一致性存在于事务的 ACID 要求中,表示在事务发生前后,数据库的完整性约束没有被破坏。

在分布式系统中,"一致性"包含以下两方面内容。

(1)数据的多个副本内容是相同的(也可以看作一种完整性或原子性要求)。如果要求多个副本在任意时刻都是内容相同的,这也可以看作一种事务要求,即对数据的更新要同时发生在多个副本上,要么都成功,要么都不成功。

(2)系统执行一系列相关联操作后,系统的状态仍然是完整的。

单机环境下的关系数据库可以很好地解决上述问题,这也是关系数据库的优势之一,即能够保障数据在任何时候都是完整的,是强一致性的。如果 NoSQL 要提供同样的特性,就必须在分布式架构和数据多副本情况下实现事务、封锁等机制。考虑到分布式系统可能面临网络拥塞、丢包或者个别结点系统故障等情况,分布式事务可能带来系统的可用性降低或系统的复杂度提高等难题。例如,某个解封锁的网络消息出现丢包,使被封锁数据一直处在不可读状态,导致用户一直等待。

需要说明的是,分布式系统的一致性经常在两个典型场景下讨论,一是大型网站设计,二是 NoSQL 大数据应用。这两种场景对一致性的讨论重点有一定差异。考虑到常见的大数据应用并不是非常需要传统的强一致性事务机制,很多实际的 NoSQL 数据库软件并不支持分布式事务,或者需要通过复杂的二次开发实现。此时,一致性问题仅涉及多副本的同步。

具体到 NoSQL 系统中表示,一致性问题主要关注数据的多个副本内容是否相同,Seth Gilbert 和 Nancy Lynch 的论文中也称为原子性(Atomic),以便和 ACID 中的术语相贴近。如果数据在系统中只有一个副本,那么共识可以轻易达成,但在多副本的情况下,就要在数据写入、读取等过程设计一致性策略。此外,在 NoSQL 数据库中,还会关注一致性的"强度",比如是否允许数据在短时间内不一致。

可用性是指系统能够对用户的操作给予反馈。大多数软件系统都会对用户操作给予反馈,因此这里的可用性通常是指系统反馈的及时程度。也有一些 NoSQL 系统并不会对诸如数据删除等操作给予反馈,需要用户自行查询操作的结果。

分区容错性也可称为分区保护性。分区可以理解为系统发生故障,部分结点不可达或者部分消息丢包,此时可以理解为系统分成了多个区域。分区容错是指在部分结点故障,以及出现消息丢包的情况下,集群系统仍然可以提供服务,完成数据访问。也有人将分区理解为数据分区,分区容错是指通过数据分区实现容错,即多副本的方式,实现系统部分结点故障时可以完成数据访问。无论何种理解,都可以视为在系统中采用多副本策略。

CAP 理论认为分布式系统只能兼顾其中两个特性,即出现 CA、CP 和 AP 三种情况,如图 2-2 所示。

在图 2-2 所示的 CAP 原理图中,兼顾 CA 则系统不能采用多副本,兼顾 CP 则必须容忍系统响应迟缓,兼顾 AP 则需要容忍系统内多副本数据可能出现不一致的情况。

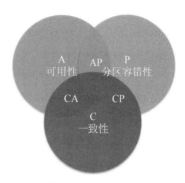

图 2-2　CAP 原理图

举例来说,当用户读写数据时,一致性原则要求系统需要同时写入所有数据副本,或检查所有数据副本的数据是否一致。可用性原则要求系统快速完成上述操作并给用户反馈。但如果此时出现部分结点不可达,则不可能保证所有数据都一致,如果强制要求所有数据都一致,则系统在故障恢复之前都无法给用户一个操作结果的反馈。

在实践中,CAP 原理不能理解为非此即彼的选择,一般会根据实际情况进行权衡,或者在软件层面以可配置的方式,支持用户进行策略选择。Brewer 曾经举过一个例子,某个 ATM 机与银行主机房发生网络故障,此时是否允许 ATM 出钞? 如果允许则造成数据不一致,可能造成服务滥用和经济损失,不允许则造成服务不可用,影响用户体验,有损企业形象。在实际应用中,可以给 ATM 规定一个失联时出钞的上限,在可接受的数据不一致的情况下,提升一些用户体验。

CAP 原理也不能仅理解为整个分布式软件设计原则,在不同的层面、子系统或模块中,都可以根据 CAP 原理制定局部设计策略。例如,要求分布式系统中的每个结点,在自身数据的管理上是兼顾 CA 的,但在集群整体上是兼顾 CP 或 AP 的。

最后,CAP 原理和对于分布式系统一致性等原理,不仅适用于大数据、NoSQL 领域,也适用于网站的分布式架构设计和业务流程设计等方面。

2.2.2　BASE 与最终一致性

根据 CAP 原理,可以看到在分布式系统中无法得到兼顾一致性、可用性和分区容错性的完美方案。因此在 NoSQL 数据库的设计中会出现这样的难题。

(1) 一致性是传统关系数据库的优势,体现在 ACID 这 4 个方面。很多人认为所谓数据库就应该是强一致性的,但是在 NoSQL 中是否仍要维持这样的特点?

(2) 可用性是很多分布式系统中非常重要的指标。例如,知名电子商务公司亚马逊,根据统计数据得出结论:网页响应延迟 0.1s,客户活跃度下降 1%。NoSQL 的设计需求和大型电商网站有所差异,如果将其应用在此类系统的后端,则需要保证即便操作超大的数据集,响应时间也要非常短。

(3) 分区容错性则是很多 NoSQL 必然要兼顾的。人们把大数据看作"资产",必然要求数据不能丢,并且数据要全在线,不能做离线保存,这样才能利用数据创造价值。因此支持分布式、多副本是大多数 NoSQL 系统的必选项。

为了解决上述难题,分布式系统需要根据实际业务要求,对一致性做一定妥协,此时并非放弃分布式系统中的一致性保障,而是提供弱一致性保障。具体要求可以通过 BASE 理论,从以下三个方面进行描述。

(1) 基本可用(Basically Available)：允许分布式系统中部分结点或功能出现故障的情况下，系统的核心部分或其他数据仍然可用。

(2) 软状态/柔性事务(Soft-state)：允许系统中出现"中间状态"，在 NoSQL 中可以体现为允许多个副本存在暂时的不一致情况。

(3) 最终一致性(Eventual Consistency)：允许系统的状态或者多个副本之间存在暂时的不一致，但随着时间的推移，总会变得一致。这种不一致的时间一般不会过长，但要视具体情况而定。最终一致性类似于通过银行进行非实时转账的场景，转账者的钱被划走后，可能需要 24h 才能到达接收者的账户，在此期间，用户账户状态和转账前后是不一致的。

最终一致性可以看作 BASE 理论的核心，即通过弱化一致性要求，实现更好的伸缩性、可靠性(多副本)和响应能力。NoSQL 和关系数据库在一致性上的取舍差异，也体现出二者不能相互替代的特点。

在实际应用中，ACID 和 BASE 并非绝对对立，需要根据实际情况，在分布式系统的不同模块、子系统中采用不同的原则。对于实际的 NoSQL 软件，因为大多数放弃了对分布式事务的支持，所以其关注点更多的是在多副本的最终一致性方面，即是否允许数据副本在短时间内或者故障期间出现不一致情况，但最终各个副本的数据会同步，这和网站等场景有一定区别。

2.2.3　Paxos

在分布式系统下，有时会需要多个结点就某个问题达成共识，例如，多个结点需要共同更新一个属性配置，共同执行一条指令，或者在一个主从结构的分布式系统中，当主结点出现故障时，多个从结点选举出一个新的主结点(即对谁当新主结点这一问题达成共识)。

考虑到网络存在延时、中断和丢包等可能性，结点可能无法及时收到消息，并且结点可能对提议有不同意见，例如，不同结点同时对某集群参数进行了不同配置。此时需要一种分布式一致性算法，使结点之间能够较快速地对某个提议进行投票并达成共识。

Paxos 算法是由莱斯利·兰伯特(Leslie Lamport)提出的一种基于消息的一致性算法，也被称为分布式共识算法，该算法被认为是同类算法中最有效的，其主要目的是就某个提议，在多个结点之间达成共识。其基本思想也可以通过 Lamport 在 1998 年发表的论文 *The Part-Time Parliament* 进行深入了解。

Paxos 中的基本角色如下。

(1) 若干提议者(Proposer)：提议者负责提出投票提议(Proposal)，以及给出建议的决议(或称为值，Value)。

(2) 若干(一般三个以上)投票者(Acceptor)：投票者收到提议后进行投票，以少数服从多数的原则决定是否接受提议，以及是否批准该值。

Paxos 中可能还存在下列角色。

(1) 若干客户端(Client)：提议的产生者，客户端会将提议提交给任意一个提议者，并由其提交投票。

(2) 若干学习者(Learner)：学习者没有投票权但关心提议，它们只能观察投票结果，并更新自己的认识，获得被批准的决议(值)。

(3) 若干合作者(Coordinator)和一个领导者(Leader)：在改进后的 Paxos 机制中存在这些角色，以更好地协调提议发起过程。

在实际系统中，通常只有客户端和服务端的概念。客户端一般扮演客户端、提议者和学习者的角色，而服务端扮演投票者、合作者和领导者的角色。此外，一个结点也可能承担多个角色。

下面介绍 Paxos 的具体流程。

Paxos 算法实际分为多个阶段，这里简称为 Prepare、Promise、Accept 和 Accepted 四个阶段，如果系统中存在学习者，则还可以加入一个 Learn 阶段。下面描述算法细节。

(1) 第一阶段为发起提议阶段。

提议者向至少半数以上的投票者发送 Prepare 请求。由于可能会有多个提议者都期望对自己的提议进行投票，为了确保一次只处理一个提议，提议者会将各自的提议进行编号，编号可以理解为递增的数字或时间戳等。提议者会将提议和编号发向各个投票者。

投票者决定是否接受提议，并向提议者发送 Promise 回应。收到提议的投票者可能进行如下操作之一。

① 如果投票者发现该提议的编号比之前接收过的提议编号更旧，则不会进行任何回应。

② 如果投票者发现该提议的编号是目前最新的(大于之前接收过的最新编号)，则会接收该提议，同时记录下这个编号，承诺拒绝接收任何编号更旧的提议及决议。此时投票者向提议者发送 Promise 回应。如果投票者对该提议已经有过决议，则在回应信息中加入编号最新的一个决议，注意，如果该投票者有历史决议，则理论上该决议应该已经得到过半数以上投票者的批准；如果投票者没有历史决议，则在回应信息中加入一个空值。

提议者在一个时限之内收集投票者的回应。

① 当发现半数以上投票者进行了回应(即同意对该议题进行投票)，算法进入第二阶段。

② 如果回应的投票者未超过半数(可能由于网络、结点故障或编号太旧)，则提议者需要更新提议的编号值，并再次重复第一阶段。

(2) 第二阶段为决议的批准阶段。

提议者向至少半数以上的投票者发送 Accept 请求。因为在第一阶段，投票者会将历史决议或空值附加到回应信息中，所以此时提议者可能进行如下操作之一。

① 如果有多个投票者在回应信息中附带了历史决议，则找到编号最新的决议(理论上应该也是过半数的)，将其发送给所有投票者，同时发送的还有上一轮使用的编号。

② 如果没有任何一个投票者已有决议，则提议者将自己提议的决议发给所有投票者，同时发送的还有上一轮使用的编号。

投票者向提议者发送 Accepted 回应。当投票者在第二阶段收到提议者发送的期望决议后，会检查其编号是否符合最新原则。

① 如果该编号是最新的(大于等于之前接收过的最新编号)，则批准该决议，持久存

储,并进行确认。

② 如果该编号不是最新的(例如,在此过程中其他提议者刷新了最新编号),则拒绝决议,并附带当前投票者处的最新编号。

当提议者收到半数以上投票者的 Accepted 回应时,会有以下几种情况。

① 如果发现有更新的编号,则表示过程中其他提议者刷新了最新编号,于是更新自身编号,返回到第一阶段,重新提议。

② 如果不存在更新的编号,则认为该决议已经达成共识。

③ 如果回应数量不足半数,可能由于网络或结点故障等原因,则更新自身编号,返回到第一阶段,重新提议。

④ 如果系统中存在学习者,则学习者会通过主动或被动的方式,从投票者处了解该提议的当前决议,并更新自身的认识。

在经典 Paxos 过程中,当提议者发现提议无法收到足够多的 Promise 回应或 Accepted 回应,理论上都会增加提议的编号,使之新一些,并重新提交 Prepare 请求。因此当多个客户端同时期望进行提议时,它们可能会不断提升 Epoch 编号以抢占提议权,这可能造成投票效率降低,甚至产生活锁。

为解决这个问题,第二阶段提交中的合作者角色被引入。合作者角色可能有多个,但其中有一个最为权威的称为领导者。客户端或提议者需要进行提议时,可以向任何一个合作者提交提议,合作者会将其提交给领导者,由领导者决定对哪个提议进行投票。此外,在第二阶段,需要批准的值也是由领导者传递给各个投票者。这种机制避免了提议者自行增加编号所引起的活锁问题。

图 2-3 描述了引入合作者和领导者之后的 Paxos 协议流程。

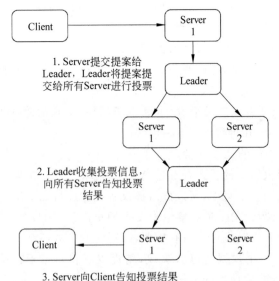

图 2-3　Paxos 协议流程

注意图 2-3 中的 Server1 首先扮演了提议者的角色,其次在投票中扮演了投票者的角色。此外,如果领导者出现错误,则合作者可以通过心跳等机制发现这一问题,并共同选举新的领导者,选举过程可通过多种机制实现,这里并不关心。

Paxos 协议存在很多改进版本,其中较为著名的有 Fast Paxos 算法,该算法也是由 Lamport 在 2005 年提出的。简单来说,Fast Paxos 通过简化通信过程和赋予领导者在发生冲突时具有决策权等方式,使得算法的收敛速度更快。

利用 Paxos 协议实现的著名系统有谷歌的 Chubby 和 Apache 软件基金会维护的开源软件 ZooKeeper 等。其中,ZooKeeper 在 Hadoop 和 HBase 等知名大数据工具中具有广泛应用,其实现了主结点高可用性(监控与选举)、集群配置管理等功能。此外,在很多 NoSQL 数据库中的数据多副本一致性、主结点选举等功能也是基于 Paxos 的思想实现的。

第 **3** 章

文档数据库与MongoDB

1989 年，Lotus 提出文档数据库（Document Database）的概念。文档数据库区别于传统的关系数据库，它是用于管理文档的。在传统的关系数据库中，信息被分割成离散的数据段，而在文档数据库中，文档是处理信息的基本单位。一个文档可以很长、很复杂，甚至可以无结构。

文档数据库也可以说是键值对数据库[2]（NoSQL 数据库的另一个概念）的一个子类。在键值对数据库中，数据对数据库来说是不透明的。但面向文档的数据库系统依赖于文档的内部结构，它会获取元数据用于数据库的深层优化。

MongoDB 是一种面向集合且模式自由的文档数据库。它在简化开发的同时为 Web 应用提供可扩展的高性能数据存储解决方案。

本章通过对文档数据库基本概念的阐述和对 MongoDB 安装配置和基本操作的介绍展现了文档数据库的适用范围和其使用方法。

3.1 MongoDB 简介

MongoDB[3] 数据库是基于分布式文件存储的开源数据库系统之一，用 C++ 编程语言编写。它是一种面向集合且模式自由的文档数据库。

面向集合是指数据备份组存在于数据集（集合）中。MongoDB 的集合类似于关系数据库的表，但要操作一个集合并不需要创建它。在存入数据时，如果集合不存在，则自动创建。

文档数据库的特点是将数据存储为文档。MongoDB 数据库的一个文档类似于关系数据库的一条记录。它支持的数据结构非常松散，是类似 JSON[4] 格式的 BSON（Binary Serialized Document Format，Binary JSON）格式，因此可以存储比较复杂的数据类型。

模式自由是对存储在 MongoDB 数据库中的数据而言的。MongoDB 数据库的文档存储的数据结构是键值对(Key-Value),键(Key)是字符串,值(Value)可以是数据类型集合中的任意类型,包括数组和文档。

MongoDB 支持的查询语言也非常强大,其语法有点类似于面向对象的查询语言,几乎可以实现类似关系数据库单表查询的绝大部分功能,而且还支持对数据建立索引。

MongoDB 数据库数据查询和存储与关系数据库的相似性使它成为非关系数据库当中功能最丰富,最像关系数据库的数据库。

3.2　基本概念

3.2.1　文档数据模型

MongoDB 将数据以 BSON 格式存储于文档中。这是考虑数据的最自然方法,比传统的行/列模型更具表现力和功能。传统的关系数据库需要对表结构进行预先定义和严格的要求,而这样的严格要求,导致了处理数据的过程更加烦琐,甚至降低了执行效率。在数据量达到一定规模的情况下,传统关系数据库反应迟钝,想解决这个问题就需要反其道而行之,尽可能去掉传统关系数据库的各种规范约束,甚至事先无须定义数据存储结构,这一点在 MongoDB 的文档数据模型中很好地体现了出来。MongoDB 的文档数据模型如图 3-1 所示。

```
{
    name: "sue",              ←——— field: value
    age: 26,                  ←——— field: value
    status: "A",              ←——— field: value
    groups: [ "news", "sports" ]  ←——— field: value
}
```

图 3-1　MongoDB 的文档数据模型

从图 3-1 可以看出,一个大括号中包含若干个键值对,大括号中的内容就被称为一条文档,文档中存储的值(Value)可以是字符串、数值、数组、文档等类型。

3.2.2　文档存储结构

MongoDB 文档数据库的存储结构分为四个层次,从小到大依次是:键值对、文档(Document)、集合(Collection)、数据库(Database)。MongoDB 的存储逻辑结构为文档,文档中采用键值对结构,文档中的_id 为主键,默认创建主键索引。表 3-1 通过对比 MongoDB 数据库的存储与传统关系数据库存储描述了其存储结构。

表 3-1　MongoDB 存储与 MySQL 存储的对比

MySQL 术语/概念	MongoDB 术语/概念
数据库(Database)	数据库(Database)
表(Table)	集合(Collection)

续表

MySQL 术语/概念	MongoDB 术语/概念
数据记录行(Row)	数据记录文档(Document)
数据字段(Column)	数据域(Field)
索引(Index)	索引(Index)
表连接(Table Joins)	不支持
主键(Primary Key)	主键,MongoDB 自动将_id字段设置为主键(Primary Key)

通过表 3-1 可以看出,MongoDB 的文档、集合、数据库对应于关系数据库中的行数据、表、数据库。

键值对是文档数据库存储结构的基本单位,具体包含数据和类型。键值对的数据包含键和值,键的格式一般为字符串,除了少数例外情况,键可以使用任意 UTF-8 字符。值的格式可以包含字符串、数值、数组、文档等类型。按照键值对的复杂程度,可以将键值对分为基本键值对和嵌套键值对。键值对中的键为字符串,值为基本类型的键值对就称为基本键值对。嵌套键值对类型的键对应的值为一个文档,文档中又包含相关的键值对。键起唯一索引的作用,确保一个键值结构里数据记录的唯一性,同时也具有信息记录的作用。值是键所对应的数据,其内容通过键来获取,可存储任何类型的数据,甚至可以为空。它们之间的关系是一一对应的。

文档是 MongoDB 的核心概念,是数据的基本单元。文档是一组有序的键值对集合。文档的数据结构与 JSON 基本相同,所有存储在集合中的数据都是 BSON 格式。BSON是一种类 JSON 的二进制存储格式,是 Binary JSON 的简称。MongoDB 的文档不需要设置相同的字段,并且相同的字段不需要相同的数据类型,这与关系数据库有很大的区别,也是 MongoDB 非常突出的特点。需要注意的是,文档中的键值对是有序的,且键不能重复。

文档中键有一些命名规范。

(1) 键不能含有空字符(\0),这个字符用来表示键的结尾。

(2) "."和"＄"有特别的意义,只有在特定环境下才能使用。

(3) 以下画线"_"开头的键是保留的,一般不以"_"开头。

(4) 命名区分类型和大小写。

MongoDB 将文档存储在集合中,一个集合是一些文档构成的对象。如果说 MongoDB中的文档类似于关系数据库中的"行",那么集合就如同"表"。集合存在于数据库中,没有固定的结构,这意味着用户对集合可以存入不同格式和类型的数据。但通常情况下存入集合的数据都会有一定的关联性,即一个集合中的文档应该具有相关性。集合具有明确要求,合法的集合名不能是空字符串"",也不能含有空字符(\0,这个字符表示集合名的结尾),集合名不能以"system."开头,这是为系统集合保留的前缀。用户创建的集合名字不能含有保留字符。有些驱动程序的确支持在集合名里面包含,这是因为某些系统生成的集合中包含该字符。除非访问这种系统创建的集合,否则不要在名字里出现"＄"。

MongoDB 中的数据具有灵活的架构,集合不强制要求文档结构。但数据建模的不同可能会影响程序性能和数据库容量。文档之间的关系是数据建模需要考虑的重要因素,而文档与文档之间的关系包括嵌入和引用两种。关系数据库的数据模型在设计时,将不同的键值对分到两个表中,在查询时进行关联,这就是引用的使用方式。如果在实际查询中,需要频繁地通过_id获得某个键值对信息,那么就需要频繁地通过关联引用来返回查询结果。在这种情况下,一个更合适的数据模型就是嵌入。将该键值对信息嵌入一个完整的键值对中,这样通过一次查询就可获得完整的键值对和所需信息。如果具有多个类似的所需信息,也可以将其嵌入键值对中,通过一次查询就可获得完整的 键值对和多个所需信息。但在某种情况下,引用比嵌入更有优势。嵌入式的关系可能导致信息重复,这时可采用引用的方式描述集合之间的关系。使用引用时,关系的增长速度决定了引用的存储位置。如果每个键值对对应的所需信息很少且增长有限,那么使用嵌入更有优势。但如果所需信息数量很多,则此数据模型将导致可变的、不断增长的数组。为了避免可变的、不断增长的数组应该选择使用引用。

在 MongoDB 中,数据库由集合组成。一个 MongoDB 实例可承载多个数据库,互相之间彼此独立,在开发过程中,通常将一个应用的所有数据存储到同一个数据库中,MongoDB 将不同数据库存放在不同文件中。

3.2.3 数据类型

1. Object ID

MongoDB 数据库中有一种特有的数据类 ObjectID(文档自生成的_id),是 MongoDB 生成的类似关系数据库表主键的唯一 Key,具体由 24 个字节组成:1~8 字节是时间戳;9~14 字节的机器标识符,表示 MongoDB 实例所在机器的不同;15~18 字节是进程 ID,表示相同机器的不同 MongoDB 进程;19~24 字节是计数器。例 3-1 的代码就是一个 MongoDB 自动生成的 ObjectID。

【例 3-1】 Object ID 案例。

```
"_id" : ObjectId("5b151f8536409809ab2e6b26")
```

在这段 Object ID 中可以得到以下四种信息。

(1) "5b151f85"代指的是时间戳,也就是这条数据的产生时间。

(2) 接着的"364098"代指某台机器的机器码,用来表示存储这条数据时的机器编号。

(3) 再接下来的"09ab"代指进程 ID,进程 ID 在多进程存储数据的时候非常有用。

(4) 之后的"2e6b26"代指计数器,这里要注意的是计数器的数字可能会出现重复,不是唯一的。以上四种标识符拼凑成世界上唯一的 Object ID。

只要是支持 MongoDB 的语言都会有一个或多个方法对 Object ID 进行转换。要注意的是,Object ID 类型是不能被 JSON 序列化的。

2. 常见数据类型

(1) 字符串(String)是存储数据常用的数据类型。在 MongoDB 中,UTF-8 编码的字符串才是合法的。

（2）布尔值（Boolean）包含 true 和 false，用于存储布尔值。

（3）整型数值（Integer）用于存储数值。根据用户所采用的服务器，可分为 32 位或 64 位。

（4）双精度浮点值（Double）用于存储浮点值，因为没有单精度浮点类型（Float 类型），所以所有的浮点值都使用双精度浮点类型存储。

（5）空数据类型（Null）用于创建空值。

（6）数组或者列表（Arrays）将多个值存储到一个键。

3. 其他数据类型

（1）Min/Max Keys 用于将一个值与 BSON 元素的最低值和最高值相对比。

（2）内嵌文档（Object），这种数据类似于 Python 中的字典。

（3）符号（Symbol）基本上等同于字符串类型，不同的是它一般用于采用特殊符号类型的语言。

（4）日期时间（Date）用 UNIX 时间格式来存储当前日期或时间。

（5）二进制数据（Binary Data）用于存储二进制数据。

（6）代码类型（Code）用于在文档中存储 JavaScript 代码。

（7）正则表达式类型（Regular Expression）用于存储正则表达式。

3.3　MongoDB 的安装与配置

3.3.1　单机环境部署

在 MongoDB 官网下载安装包，地址为 http://www.mongodb.org/downloads，本书以在 Windows 系统上安装 MongoDB 4.4 社区版为例。

首先要在官网下载安装程序。完成安装程序的下载后就可以双击运行该 msi 文件安装程序。图 3-2 展示了 msi 安装程序界面。

在安装程序运行过程中，首先要选择设置类型，也就是向导自动完整的安装（Complete）还是用户自定义安装（Custom）。要注意的是，如果选择自动安装，系统将会自动将 MongoDB 和其工具安装到默认位置，所以建议读者选择自定义安装选项以选择合适的位置安装可执行文件。图 3-3 和图 3-4 分别展示了如何选择安装方式和安装位置。

选择了安装类型和安装位置后的步骤是服务配置。

从 MongoDB 4.0 开始，安装过程中还包括将 MongoDB 设置为 Windows 服务的选择和仅安装二进制文件的选择。

以下内容将为安装 MongoDB 并将其配置为 Windows 服务的安装程序流程。如果选择了 Install MongoDB as a Service 复选框也就是将 MongoDB 设置成为 Windows 服务，接下来就需要对以何种身份运行服务进行选择。如果选择网络用户身份，就是用 Windows 内置的 Windows 用户账户作为网络服务用户身份。如果选择以本地用户或域用户身份运行服务，则需要为本地用户账户设置账户域、账户名和密码。要注意的是，如果设置为本地用户而不是域用户，则账户域为"."。

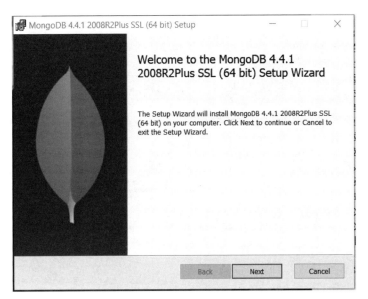

图 3-2　MongoDB 安装程序

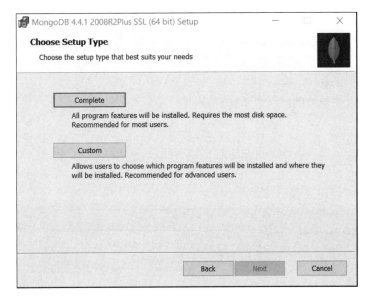

图 3-3　安装方式选择

　　接下来的三个选项分别是服务名称(Service Name)、数据目录(Data Directory)和日志目录(Log Directory)。图 3-5 为服务配置界面。

　　通过图 3-5 可以看出,安装 MongoDB 过程中,其服务名称默认为 MongoDB。如果已经拥有使用指定名称的服务,则必须选择另一个名称。如果数据目录不存在,安装程序将创建目录并将目录访问权限设置为服务用户。如果日志目录不存在,安装程序将创建目录并将目录访问权限设置为服务用户。

　　接下来的步骤可以选择是否安装 MongoDB 的可视化工具——MongoDB Compass。

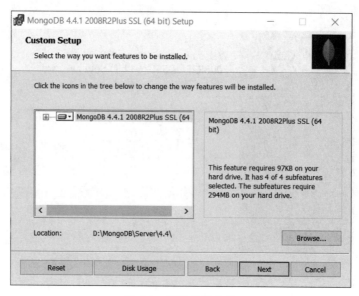

图 3-4　安装位置选择

图 3-5　服务配置界面

MongoDB 数据库具有灵活丰富的文档结构,这会帮助开发人员构建更丰富的数据结构,加快开发速度。然而,这样的灵活性也使其中的数据结构变得难以理解。MongoDB Compass 的引入帮助 MongoDB 数据库解决了这个问题,方便开发人员对数据结构的查询。

安装全部完成后在安装目录的 bin 文件夹(笔者的安装位置是 D:\MongoDB\Server \4.4\bin,如果读者选择了自动安装则安装目录应该是 C:\Program Files\MongoDB\ Server\4.4\bin)下打开命令行,输入命令"mongod --dbpath F:\data\db"启动 MongoDB 服务,启动成功后打开浏览器,输入网址"http://localhost:27017"(27017 是 MongoDB

数据库服务的端口号）查看，若显示"It looks like you are trying to access MongoDB over HTTP on the native driver port."，则表示连接成功。如果不成功，可以查看端口是否被占用。连接成功后，可以如图 3-6 所示在任务管理器中查看当前 MongoDB 进程，以此确定 MongoDB 正常启动和运行状态。

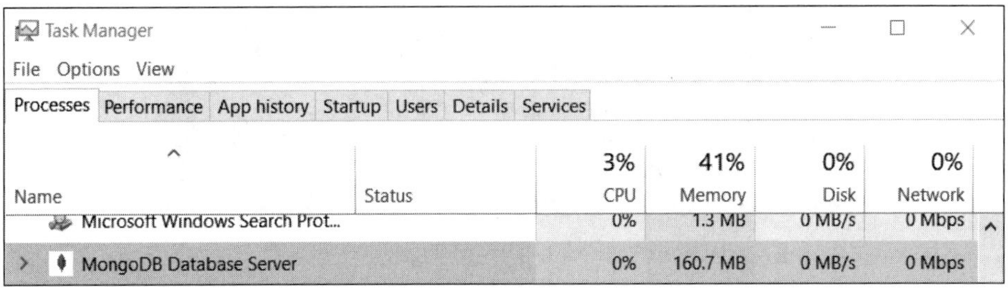

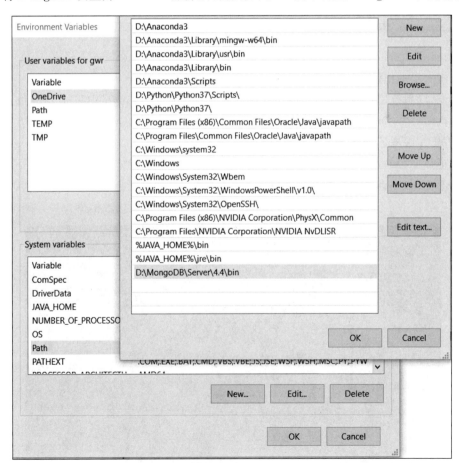

图 3-6 任务管理器中的 MongoDB 进程

3.3.2 MongoDB 的配置文件

将 MongoDB 设置为 Windows 服务后，需要如图 3-7 所示配置 MongoDB 的环境变量。

图 3-7 配置 MongoDB 环境变量

如图 3-7 所示,在系统变量 Path 中添加 MongoDB 服务 bin 文件夹路径(笔者使用的路径为"D:\MongoDB\Server\4.4\bin")。

配置好环境变量后就可以在本地的任何位置使用 MongoDB 了。图 3-8 展示了如何使用命令行在任意目录文件下启动或关闭 MongoDB。

```
C:\Windows\system32>net start MongoDB
The MongoDB Server (MongoDB) service is starting.
The MongoDB Server (MongoDB) service was started successfully.


C:\Windows\system32>net stop MongoDB
The MongoDB Server (MongoDB) service is stopping.
The MongoDB Server (MongoDB) service was stopped successfully.
```

图 3-8　启动和关闭 MongoDB 服务

图 3-8 中,系统用户通过命令行指令"net start MongoDB"启动或通过命令行指令"net stop MongoDB"关闭 MongoDB 服务。

3.4　MongoDB 的基本操作

3.4.1　Mongo Shell 的使用

MongoDB 自带简洁但功能强大的 JavaScript Shell。在 JavaScript Shell 中输入一个变量会将变量的值转换为字符串打印到控制台上。

首先,以系统用户身份运行命令行,执行命令"net start MongoDB"开启 MongoDB 服务。执行命令"mongo"启动 Mongo Shell[5]。Shell 默认连接 test 数据库。要使用别的数据库,需要在服务器地址后添加斜杠和数据库名。

另一种连接数据库的方法像 SQL Shell 中一样,使用命令"use databaseName",如果数据库不存在,则会创建一个新的数据库。

首先如图 3-9 所示操作使用--nodb 选项启动 Shell,而不连接数据库。

```
C:\Windows\system32>mongo --nodb
MongoDB shell version v4.4.1
> help
        db.help()                    help on db methods
        db.mycoll.help()             help on collection methods
        sh.help()                    sharding helpers
        rs.help()                    replica set helpers
        help admin                   administrative help
        help connect                 connecting to a db help
        help keys                    key shortcuts
        help misc                    misc things to know
        help mr                      mapreduce

        show dbs                     show database names
        show collections            show collections in current database
        show users                  show users in current database
        show profile                show most recent system.profile entries with time >= 1ms
        show logs                    show the accessible logger names
        show log [name]              prints out the last segment of log in memory, 'global' is default
        use <db_name>                set current database
        db.mycoll.find()             list objects in collection mycoll
        db.mycoll.find( { a : 1 } )  list objects in mycoll where a == 1
        it                           result of the last line evaluated; use to further iterate
        DBQuery.shellBatchSize = x   set default number of items to display on shell
        exit                         quit the mongo shell
>
```

图 3-9　使用--nodb 选项启动 Shell

在如图 3-9 所示的 Mongo Shell 中，可用"help"查看常用指令，如"exit"指令用于退出 Mongo Shell，"db.help()"指令用于查看数据库级别的命令的帮助，"db.mycoll.help()"用于查看集合的相关帮助。

启动 Mongo 后可以如例 3-2 所示使用"db"查看当前连接数据库名词。

【例 3-2】 使用"db"连接数据库。

```
>use mongodb
Switched to db mongodb
>db
mongodb
```

使用"db.集合名"的方式来访问集合一般不会有问题，但如果集合名恰好是数据库类的一个属性时就不行了，JavaScript 只有找不到指定的属性时，才会将其作为集合返回。当有属性与目标集合同名时，可以使用 getCollection 函数。例如，要访问 version 这个集合，因为 db.version 是个数据库函数，就会返回正在运行的 MongoDB 服务器的版本。所以输入 db.version 会显示该函数的 JavaScript 源代码，而不是想显示的集合。例 3-3 是一个 db.version 的例子。

【例 3-3】 db.version 指令的使用和输出。

```
>db.version
function(){
return this.serverBuildInfo().version;
}
>db.version()
4.4.1
>db.getCollection("version")
test.version
```

因为 Shell 是功能完整的 JavaScript 解释器，所以 Mongo Shell 中可以运行任何 JavaScript 程序，比如例 3-4 中的基本运算、JavaScript 标准库调用和函数的调用。

【例 3-4】 Mongo Shell 中运行 JavaScript 程序。

```
> x=1
1
> x+x
2
> Math.sin(Math.PI/2)
1
> function func(n){ if(n<10) return 10; return n; }
> func(6)
10
```

例 3-4 中首先定义变量，输入后程序返回变量定义的值。然后对变量进行基本运算时,就可以得到运算的结果。案例的第三条输入是 JavaScript 标准库函数 Math 函数的调用,返回运算结果。最后是一个自定义函数定义和运算的示例。

3.4.2　数据库和集合操作

表 3-2 展示了数据库基础操作及其指令。

表 3-2　数据库操作

数据库操作	指　　令
创建数据库	use 数据库名
查看当前连接的数据库	db
查看所有数据库	show dbs
删除数据库	db.dropDatabase()

如表 3-2 所示,MongoDB 创建数据库的语法格式是“use 数据库名”。查看当前连接的数据库的指令是“db”。如果想查看所有数据库,可以使用指令“show dbs”。MongoDB 中默认的数据库为 test,如果没有创建新的数据库,集合将存放在 test 数据库中。删除数据库需要先切换到要销毁的数据库,然后执行指令“db.dropDatabase()”。

MongoDB 数据库对集合的操作对应于关系数据库中表的概念,包括集合的创建删除以及查询数据库中所有的集合。表 3-3 展示了 MongoDB 中对集合的操作。

表 3-3　集合操作

集　合　操　作	指　　令
创建集合	db.createCollections("集合名")
删除集合	db.集合名.drop()
获取所有集合	show collections

如表 3-3 所示,使用“db.createCollections("集合名")”指令创建集合,使用 db.集合名.drop()指令删除集合,使用指令“show collections”获取所有集合的信息。

3.4.3　基本增删改查操作

1. 存入数据

MongoDB 数据库使用 insert()方法或 save()方法向集合存入文档,使用的语法如下。

```
db.集合名称.insert(条件)
```

save()在不指定_id字段的情况下与 insert()方法类似。但如果指定_id 字段,save()方法会更新该_id 的数据,这一点与 insert()方法不同。可以使用命令 db.col.save （document）存入文档。save（）方法通过传入的文档来替换已有文档。语法格式如下。

```
db.collection.save(
    <document>,
    {
        writeConcern: <document>
    }
)
```

在这段 save（）方法的代码中 document 指文档数据，writeConcern 是可选项，表示抛出异常的级别。

2. 删除数据

MongoDB 数据库使用 remove（）函数移除集合中的数据。在删除集合中的数据前首先需要执行命令"use ＜数据库名＞"切换到指定数据库，这之后执行删除指令：db.集合名称.remove（条件）。在执行 remove（）函数前先执行 find（）命令来判断执行的条件是否正确，是一个比较好的习惯。请慎用 remove（{}），它会删除集合中的所有文档。remove（）方法的基本语法格式如下。

```
db.collection.remove(
        <query>,
        <justOne>
)
```

MongoDB 的 2.6 版本以后，其 remove（）方法的语法格式发生了一些改变，具体语法格式如下。

```
db.collection.remove(
        <query>,
        {
                justOne: <boolean>,
                writeConcern: <document>
        }
)
```

上文代码中，query 是可选的，代表删除的文档的条件。justOne 也是可选的，如果设为 true 或 1，则只删除一个文档。writeConcern 表示抛出异常的级别，同样是可选择的。

3. 更新数据

update（）方法用于更新已存在的文档。语法格式如下。

```
db.collection.update(
        <query>,
```

```
        <update>,
        {
                upsert: <boolean>,
                multi: <boolean>,
                writeConcern: <document>
        }
)
```

在上文代码中,query 字段表示 update()方法的查询条件,类似 SQL 语句的查询语句内 WHERE 字段后的内容。update 参数是 update()方法的对象和一些更新的操作符(如 $, $ inc…),也可以理解为 SQL 语句中 SET 字段后的内容。upsert 参数是可选的,它的意思是当不存在这一条 update 对应的记录时是否需要存入该记录。multi 可选字段的默认值是 false,表示只更新找到的第一条记录,当设置这个参数为 true 时,就把条件查出来的多条记录全部更新。可选的 writeConcern 参数抛出异常的级别。

要注意的是,直接使用 update()方法修改数据是十分危险的,因为如果被更新的列数小于总列数,更新后其他没有被更新的列就变成了空值。因此,实际应用中需要使用 MongoDB 提供的修改器 $ set 修改数据,这样在更新某一字段的同时可以完整地保留其他字段。

4. 查询数据

查询数据需要执行"use <数据库名>"切换到指定数据库,然后执行"db.<集合名>.find()"查询全部符合条件的内容。为了避免游标可能带来的开销,MongoDB 还提供 findOne()的方法,用来返回结果集的第一条记录。执行"db.<集合名>.findOne()"查询一条符合条件的内容。要注意的是,find()方法和 findOne()方法后面都可以添加 JSON 条件。当需要返回查询结果的前几条记录时,可以使用 limit()方法"db.集合名称.find().limit(条件)"。

MongoDB 数据库查询数据时有很多灵活的高级查询方法。

(1) 模糊查询:MongoDB 的模糊查询是通过正则表达式的方式实现的。格式为"/模糊查询字符串/"。

(2) 对 Null 值进行处理。

(3) 不等符号、存在判断符号、包含符号、条件符号等的使用:$<, <=, >, >=, !=$等操作符和一些关系操作符也是很常用的。格式如例 3-5 所示。

【例 3-5】 find()函数中使用操作符。

```
db.collection.find({ "field" : { $gt: value } });
db.collection.find({ "field" : { $lt: value } });
db.collection.find({ "field" : { $gte: value } });
db.collection.find({ "field" : { $lte: value } });
db.collection.find({ "field" : { $ne: value } });
db.collection.find({ "field" : { $exists: value } });
```

```
db.collection.find({ "field" : { $in: value } });
db.collection.find({ "field" : { $nin: value } });
```

例 3-5 中,第一条语句表示查询 field 中所有大于 value 的值,第二条语句表示查询所有小于 value 的值,接下来的 $gte、$lte、$ne 分别表示大于等于、小于等于和不等于条件,$exists 表示判断 field 是否等于 value,最后的 $in 和 $nin 用于判断 field 和 value 的包含关系,如果 field 包含于 value 则 $in 成立,反之 $nin 成立。关系符通常用于连接操作符,比如如果需要查询同时满足上述两个条件的值,需要使用 $and 操作符将条件进行关联(相当于 SQL 的 and),格式为"$and:[{ },{ },{ }]"。

统计记录条件使用 count()方法。例 3-6 的两条语句分别表示查询 student 集合的文档条数和查询 student 集合中 age 字段小于等于 20 的文档条数。

【例 3-6】 查询 student 文档条数。

```
>db.student.count();
>db.student.count({age:{$lte:20}});
```

3.4.4 聚合和管道

MongoDB 中聚合使用 aggregate()方法,它主要用于处理数据(如统计平均值、求和等),并返回计算后的数据结果。有点类似 SQL 语句中的 count(*)。aggregate()方法的基本语法格式为"db.集合名称.aggregate(聚合操作)"。表 3-4 展示了常用的聚合表达式。

表 3-4 聚合表达式

表达式	描 述	实 例
$sum	计算总和	db.mycol. aggregate ([{ $group : { _id : " $by_user", num_tutorial : { $sum : " $likes"}}}])
$avg	计算平均值	db.mycol. aggregate ([{ $group : { _id : " $by_user", num_tutorial : { $avg : " $likes"}}}])
$min	获取集合中所有文档对应值的最小值	db.mycol. aggregate ([{ $group : { _id : " $by_user",num_tutorial : { $min : " $likes"}}}])
$max	获取集合中所有文档对应值的最大值	db.mycol. aggregate ([{ $group : { _id : " $by_user", num_tutorial : { $max : " $likes"}}}])
$push	在结果文档中存入值到一个数组中	db.mycol. aggregate ([{ $group : { _id : " $by_user", url : { $push: " $url"}}}])
$addToSet	在结果文档中存入值到一个数组,但不创建副本	db.mycol. aggregate ([{ $group : { _id : " $by_user", url : { $addToSet : " $url"}}}])
$first	根据资源文档的排序获取第一个文档数据	db.mycol. aggregate ([{ $group : { _id : " $by_user", first_url : { $first : " $url"}}}])
$last	根据资源文档的排序获取最后一个文档数据	db.mycol. aggregate ([{ $group : { _id : " $by_user", last_url : { $last : " $url"}}}])

管道在 UNIX 和 Linux 中一般用于将当前命令的输出结果作为下一个命令的参数。MongoDB 的聚合管道将 MongoDB 文档在一个管道处理完毕后将结果传递给下一个管道处理。管道操作是可以重复的。表 3-5 介绍了聚合框架中常用的管道操作。

表 3-5　聚合框架中的管道操作

表达式	描　述	实　例
$ project	修改输入文档的结构。可以用来重命名、增加或删除域，也可以用于创建计算结果以及嵌套文档	db.article.aggregate({ $ project : { _id : 0 , title : 1 , author : 1 }});
$ match	用于过滤数据，只输出符合条件的文档。$ match 使用 MongoDB 的标准查询操作	db.articles.aggregate([{ $ match : { score : { $ gt : 70 , $ lte : 90 }}}, { $ group : { _id : null, count : { $ sum : 1 }}}]);
$ limit	用来限制 MongoDB 聚合管道返回的文档数	db.article.aggregate({ $ limit : 5 });
$ skip	在聚合管道中跳过指定数量的文档，并返回余下的文档	db.article.aggregate({ $ skip : 5 });
$ unwind	将文档中的某一个数组类型字段拆分成多条，每条包含数组中的一个值	db.article.aggregate({ $ project : { author : 1, title : 1, tags : 1 }}, { $ unwind : "$ tags"}) { "result" : [{ "_id" : ObjectId ("528751b0e7f3eea3d1412ce2"), "author" : "Jone", "title" : "A book", "tags" : "good" }, { "_id" : ObjectId("528751b0e7f3eea3d1412ce2"), "author" : "Jone", "title" : "A book", "tags" : "fun" }], "ok" : 1}
$ group	将集合中的文档分组，可用于统计结果	db.article.aggregate({ $ group : { _id : "$ author", docsPerAuthor : { $ sum : 1 }, viewsPerAuthor : { $ sum : "$ pageViews" }}});
$ sort	将输入文档排序后输出	db.users.aggregate({ $ sort : { age : −1, posts : 1 } });
$ geoNear	输出接近某一地理位置的有序文档	db.places.aggregate([{ $ geoNear : { near : [40.724, − 73. 997], distanceField : " dist. calculated ", maxDistance : 0. 008, query : { type : " public " }, includeLocs : " dist. location ", uniqueDocs : true, num : 5}}])

管道表达式用于处理输入文档并输出，表达式是无状态的，只能用于计算当前聚合管道的文档，不能处理其他文档。每个管道表达式是一个文档结构，它是由字段名、字段值和一些表达式操作符组成的。管道操作符作为"键"，所对应的"值"叫作管道表达式。例如{ $ match：{status："A"}}中，$ match 称为管道操作符，而{status："A"}称为管道表达式，它可以看作是管道操作符的操作数(Operand)。

每个管道表达式只能作用于处理当前正在处理的文档，而不能进行跨文档的操作。管道表达式对文档的处理都是在内存中进行的。除了能够进行累加计算的管道表达式外，其他的表达式都是无状态的，也就是不会保留上下文的信息。累加性质的表达式操作符通常和 $ group 操作符一起使用，来统计该组内的最大值、最小值等。

在执行管道聚合时，如果＄sort、＄skip、＄limit 依次出现的话，例如例 3-7 中执行的语句，这段语句在实际中会按照例 3-8 中的顺序执行。

【例 3-7】 管道聚合时，＄sort、＄skip、＄limit 依次出现。

```
{ $sort: { age : -1 } },
{ $skip: 10 },
{ $limit: 5 }
```

【例 3-8】 实际代码执行顺序。

```
{ $sort: { age : -1 } },
{ $limit: 15 },
{ $skip: 10 }
```

例 3-8 展示了实际过程中的执行顺序——＄limit 会提前到＄skip 前面去执行。此时＄limit 等于优化前＄skip 加上优化前＄limit。这样做的好处有以下两个。

（1）在经过＄limit 管道后，管道内的文档数量个数会"提前"减小，这样会节省内存，提高内存利用效率。

（2）＄limit 提前后，＄sort 紧邻＄limit 的话，当进行＄sort 的时候当得到前"＄limit"个文档的时候就会停止。

接下来的例 3-9～例 3-11 用一个更复杂的例子的分析和优化过程展示了这种优化的好处。

【例 3-9】 一个＄limit 和＄skip 交替出现的聚合管道案例。

```
{ $limit: 100 },
{ $skip: 5 },
{ $limit: 10 },
{ $skip: 2 }
```

在例 3-9 的聚合管道案例中反复出现＄limit 和＄skip。例 3-10 对例 3-9 的序列按照例 3-8 的优化方式进行局部优化——将第二个＄limit 提前。

【例 3-10】 局部优化后的聚合管道案例。

```
{ $limit: 100 },
{ $limit: 15 },
{ $skip: 5 },
{ $skip: 2 }
```

可以看到，优化后的例 3-10 聚合管道案例中有连续的＄limit 和连续的＄skip。通过对两个＄limit 取最小值，对两个＄skip 直接相加的方式进一步优化得到例 3-11 的最终优化结果。

【例 3-11】 最终优化后的聚合管道案例。

```
{ $limit: 15 },
{ $skip: 7 }
```

例 3-11 的优化结果很好地展示了适当调整聚合管道中语句的顺序对整个管道运行效率的优化效果。

对聚合管道进行优化的方法还有很多,如较早地使用 $project 投影,设置需要使用的字段,去掉不用的字段,可以大大减少内存。较早地使用 $match、$limit、$skip 操作符可以提前减少管道内文档数量,减少内存占用,提高聚合效率。除此之外,尽量将 $match 放到聚合的第一个阶段(这样的话 $match 相当于一个按条件查询的语句),可以使用索引,加快查询效率。

要注意的是,管道操作中会有一些引起错误的地方,以下几点为常见的错误。

(1)管道线的输出结果不能超过 BSON 文档的大小(16MB),如果超出会产生错误。

(2)如果一个管道操作符在执行的过程中所占有的内存超过系统内存容量的 10%,会产生一个错误。

(3)执行 $sort 和 $group 操作符的时候,整个输入都会被加载到内存中,如果这些占有内存超过系统内存的 5%,会将一个 Warning 记录到日志文件中。当占有的内存超过系统内存容量 10% 的时候,会产生一个错误。

3.4.5 索引操作

索引是一种特殊的数据结构,它是对数据库表中一列或多列的值进行排序的一种结构,存储在一个易于遍历读取的数据集合中。索引项的排序支持高效的相等匹配和基于范围的查询操作。

在 MongoDB 中建立索引能提高查询效率。操作时只需要扫描索引(存储集合的一小部分,并把这小部分加载到内存中)。如果没有建立索引,在查询时,MongoDB 必须执行全表扫描,特别是在处理大量的数据时,查询可能要花费几十秒甚至几分钟,这对网站性能的影响是非常致命的。

早期 MongoDB 使用 ensureIndex()方法创建索引。ensureIndex()方法基本语法格式如下。

```
>db.COLLECTION_NAME.ensureIndex({KEY:1})
```

其中,KEY 值为待创建的索引字段,1 为指定按升序创建索引,按降序创建索引需指定 KEY 为—1。

从 MongoDB 3.0 开始,ensureIndex()方法被废弃,开始使用 createIndex()方法创建索引。创建索引的语法如下。

```
>db.collection.createIndex(keys,options)
```

上文创建的索引是一个包含该字段的字段和值对的文档,该文档的索引键和该值描述该字段的索引类型。对于某个领域的上升索引,指定一个值为 1;对于下降的索引,指定一个值为−1。

查看索引信息使用 getIndexes()方法,语法格式如下。

```
> db.collection.getIndexes()
```

该函数返回一个数组,这个数组保存标识和描述集合上现有索引的文档列表,可以查看开发人员是否对某集合创建了索引并查看其创建了哪些索引。

创建单列索引的方式如下。

```
>db.collection.createIndex({field: boolean} )
```

上文语句用于对文档单个字段创建索引或者对内嵌文档的单个字段创建索引。field字段以“.”来指明内嵌文档的路径。对于某个领域的上升索引,指定 boolean 值为 1;对于下降的索引,指定 boolean 值为−1。

除了单字段创建索引外,还可以同时对多个键创建组合索引,创建组合索引语法如下。

```
>db.collection.createIndex({field1:boolean, field2:boolean } )
```

内嵌文档的索引代码如下。

```
>db.collection.createIndex({field:boolean} )
```

创建索引是为了提高文档查询的效率,往往创建索引后根据条件查询文档的查询时间会大大缩短。在大数据时代,有无索引带来的查询效率差别更为显著。当将查询和排序组合进行时,文档查询效率会进一步提高。在 MongoDB 数据库中建立索引能提高查询效率,但在 MongoDB 中新增和修改的效率就会下降。

删除索引使用 db.collection.dropIndex(index)方法。对已经创建的索引进行删除时,可以针对具体集合中的索引进行删除,也可以对所有集合中的所有索引进行删除。删除具体的索引要根据索引的名称。如果不知道索引的名称,可以通过 db.collection.getIndexes()方法查看索引名称。

要注意的是,创建索引也是有一定限制的。

(1)索引具有额外开销。存储在 MongoDB 集合中的每个文档都有一个默认的主键,这就是默认索引。如果在添加新的文档时,没有指定主键的值,MongoDB 就会创建一个 ObjectId 值,并会自动创建一个索引在主键上,默认索引的名称是“_id_”,并无法删除。

(2)索引使用内存(RAM)。因为索引存储在内存中,所以索引的大小不能超过内存的限制。如果索引的大小超过了内存的限制,MongoDB 就会删除一些索引,这将导致性能下降。

（3）索引具有查询限制。索引不能被正则表达式、非操作符（如 $ nin，$ not）、算术运算符（如 $ mod）和 $ where 子句查询使用。所以，检测语句使用索引是一个好的习惯。

（4）存在索引键限制。从 MongoDB 2.6 版本开始，如果现有的索引字段的值超过索引键的限制，数据库不会再创建索引。如果文档的索引字段值超过了索引键的限制，MongoDB 不会将任何文档转换成索引的集合。

（5）索引具有最大范围。集合中索引不能超过 64 个，索引名的长度不能超过 125 个字符，并且一个复合索引最多只能有 31 个字段。

3.5　通过 Java 访问 MongoDB

3.5.1　数据库和集合操作

在 Java 中使用 MongoDB 数据库之前，首先需要拥有 Java 连接 MongoDB 的第三方驱动包（jar 包）。将 MongoDB JDBC 驱动加入到 Java 项目后，就可以对 MongoDB 进行操作了。

Java 连接 MongoDB 分为不通过认证连接和通过认证连接两种。

1. 不通过认证连接 MongoDB

Java 不通过认证连接 MongoDB 服务使用 MongoClient，MongoClient 提供连接到 MongoDB 服务器和访问数据的功能。例 3-12 是 MongoClient 的三种构造方法。

【例 3-12】　MongoClient 的三种构造方法。

```
MongoClient mongoClient = new MongoClient();
MongoClient mongoClient1 = new MongoClient("localhost");
MongoClient mongoClient2 = new MongoClient("localhost", 27017);
```

在例 3-12 中，"localhost"表示连接的服务器地址，27017 为端口号，因为系统默认端口号为 27017，所以可以省略端口号不写。同时将服务器地址和端口号都省略时，系统默认设置服务器地址为"localhost"，端口号为 27017。

2. 通过认证连接 MongoDB

通过认证连接 MongoDB 服务在记录端口和服务器地址的前提下要额外记录用户名、数据库名称和密码。通过认证连接 MongoDB 的案例代码如例 3-13 所示。

【例 3-13】　通过认证连接 MongoDB。

```
List<ServerAddress> adds = new ArrayList<>();
ServerAddress serverAddress = new ServerAddress("localhost", 27017);
adds.add(serverAddress);
List<MongoCredential> credentials = new ArrayList<>();
MongoCredential mongoCredential = MongoCredential.createScramSha1Credential
( "username", "databaseName", "password".toCharArray() );
```

```
credentials.add(mongoCredential);
MongoClient mongoClient = new MongoClient(adds, credentials);
```

如例 3-13 所示,首先使用 ServerAddress()记录服务器地址和端口号并添加到 adds 中作为 MongoClient 的第一个参数,然后使用 MongoCredential.createScramSha1Credential()方法记录用户名、数据库名称和密码,最后使用 MongoClient 进行认证连接。具体代码在下文给出。

接着连接到数据库,所用代码如例 3-14 所示。

【例 3-14】 连接到 test 数据库。

```
MongoDatabase mongoDatabase = mongoClient.getDatabase("test");
```

例 3-14 的 test 指数据库名,若指定的数据库不存在,MongoDB 将会在开发人员第一次存入文档时创建数据库。使用 void drop()可以删除当前连接的数据库。

MongoDB 中的数据都是通过文档保存的,而文档又保存在集合中。要对数据进行 CRUD 操作首先要获取待操作的集合。例 3-15 演示了获取集合的方法。

【例 3-15】 获取集合的方法。

```
MongoCollection<Document> collection = MongoDBUtil.getConnect()
.getCollection("user");
```

代码中的 user 表示集合的名字,如果指定的集合不存在,MongoDB 将会在开发人员第一次存入文档时创建集合。当然,也可以使用例 3-16 的方法直接新建集合。

【例 3-16】 创建一个名为 collectionName 的集合。

```
void createCollection(String collectionName);
```

3.5.2 基本增删改查操作

要对数据进行增删改查操作,首先要创建文档对象,例 3-17 展示了如何创建一个文档。

【例 3-17】 创建一个文档。

```
Document document = new Document("name","张三")
.append("state", "A")
.append("age", 42);
```

例 3-17 创建了一个姓名为"张三",状态为"A",年龄为 42 的人物文档。

1. 增添文件

创建的文档需要存入数据库保存。MongoDB 提供了保存数据的三种方法,分别是 db.collection.insertOne()、db.collection.insertMany()和 db.collection.insert()。

（1）insertOne()方法：存入一个文档时，使用 insertOne()方法，该方法接收一个文档对象作为要存入的数据。例 3-18 展示了如何向数据库存入一个文档。连接到数据库后首先获得目标集合，创建需要存入的数据后将数据存入集合。向数据库存入一个文档如例 3-18 所示。

【例 3-18】 使用 insertOne()方法接收一个文档对象作为要存入的数据存入数据库。

```java
public void insertOneTest(){
    MongoDatabase mongoDatabase = MongoDBUtil.getConnect();
    MongoCollection<Document> collection = mongoDatabase.getCollection
("user");
    Document document = new Document("name","张三")
                            .append("state", "A")
                            .append("age", 42);
    collection.insertOne(document);
}
```

例 3-18 描述了 insertOneTest()方法，在该方法中，首先使用 getConnect()接口获取数据库连接对象，之后使用 getCollection("user")方法获取将要存入数据的集合（user 集合），之后使用 Document()函数创建一条文档记录保存要存入的数据。最后使用 insertOne()方法存入 document 中存储的数据。

（2）insertMany()方法：向数据库存入多个文档时，使用 insertMany()方法，该方法接收一个数据类型为 Document 的数组作为要存入的数据。代码如例 3-19 所示。

【例 3-19】 使用 insertMany()方法向数据库存入多个文档。

```java
public void insertManyTest(){
    MongoDatabase mongoDatabase = MongoDBUtil.getConnect();
    MongoCollection<Document> collection = mongoDatabase.getCollection
("user");
    List<Document> list = new ArrayList<>();
    for(int i = 1; i <= 3; i++) {
        Document document = new Document("name", "张三")
                .append("state", "A")
                .append("age", 42);
        list.add(document);
    }
    collection.insertMany(list);
}
```

例 3-19 同例 3-18 一样获取数据库连接和集合，之后构造一个数组存放待存入数据，使用循环语句存入数据后，利用 insertMany()方法存入多个文档。

（3）insert()方法：insert()方法将单个或多个文档存入到一个集合。要存入单一的文件，则传递文档；存入多个文件，则传递文档数组。insert()方法的使用案例如例 3-20

所示。

【例 3-20】 使用 insert()方法将单个或多个文档存入到一个集合。

```
db.users.insert(
    {
        name: "sue",
        age: 19,
        status: "P"
    }
)
WriteResult({ "nInserted" : 1 })
db.users.insert(
    [
        { name: "张三", age: 42, status: "A", },
        { name: "李四", age: 22, status: "A", },
        { name: "王五", age: 34, status: "D", }
    ]
)
BulkWriteResult({
    "writeErrors" : [ ],
    "writeConcernErrors" : [ ],
    "nInserted" : 3,
    "nUpserted" : 0,
    "nMatched" : 0,
    "nModified" : 0,
    "nRemoved" : 0,
    "upserted" : [ ]
})
```

例 3-20 中首先给出了如何使用 insert()方法存入单个对象,这种方法返回一个
WriteResult 对象,如果存入错误,会返回错误信息。下一个 insert()方法用于存入数组
对象,它返回 BulkWriteResult 对象。

同样能实现存入数据的方法还有 db.collection.update()、db.collection.updateOne()、
db.collection.updateMany()、db.collection.findAndModify()、db.collection.save()、db.
collection.findOneAndReplace()、db.collection.bulkWrite()。其中,update 方法和 find
函数的参数 upsert 为 true 时成功存入数据,db.collection.save(doc)中若 doc 含有_id 且
_id 在集合中存在,将会替换集合内的文档,不存在则创建该文档。

2. 删除文档

MongoDB 中有两种方法分别用于删除单个文档和多个文档。

(1) 删除与筛选器匹配的单个文档使用 deleteOne()方法,该方法接收一个数据类型
为 BSON 的对象作为过滤器筛选出需要删除的文档,然后删除第一个筛选出的文档。为

了便于创建过滤器对象,JDBC 驱动程序提供了 Filters 类。删除单个文档如例 3-21 所示。

【例 3-21】 删除单个文档。

```
public void deleteOneTest(){
    MongoDatabase mongoDatabase = MongoDBUtil.getConnect();
    MongoCollection<Document> collection = mongoDatabase.getCollection("user");
    Bson filter = Filters.eq("age",18);
    collection.deleteOne(filter);
}
```

例 3-21 中定义了一个 deleteOneTest()函数用于删除单个文档,函数中首先获取数据库连接对象和集合。之后使用 Filters 类的 eg()函数申明删除条件,最后使用 deleteOne()方法删除与筛选器匹配的单个文件。

(2) 删除与筛选器匹配的所有文档,使用 MongoCollection 对象的 deleteMany()方法,该方法接收一个数据类型为 BSON 的对象作为过滤器筛选出需要删除的文档。然后删除所有筛选出的文档。删除与筛选器匹配的所有文档如例 3-22 所示。

【例 3-22】 删除与筛选器匹配的所有文档。

```
public void deleteManyTest(){
    MongoDatabase mongoDatabase = MongoDBUtil.getConnect();
    MongoCollection<Document> collection = mongoDatabase.getCollection("user");
    Bson filter = Filters.eq("age",18);
    collection.deleteMany(filter);
}
```

例 3-22 定义了 deleteManyTest()函数,函数中首先获取数据库连接对象和集合,然后申明删除条件,最后删除与筛选器匹配的所有文档。

3. 修改文档

在 MongoDB 中想要修改单个文档和多个文档也分别有两种方法。

(1) 修改单个文档,使用 MongoCollection 对象的 updateOne()方法,该方法接收两个参数,第一个参数是数据类型为 BSON 的过滤器,该参数的功能是筛选出需要修改的文档,第二个参数的数据类型也是 BSON,它指定如何修改筛选出的文档。然后修改过滤器筛选出的第一个文档。修改单个文档的具体方法如例 3-23 所示。

【例 3-23】 修改单个文档。

```
public void updateOneTest(){
    MongoDatabase mongoDatabase = MongoDBUtil.getConnect();
     MongoCollection < Document > collection = mongoDatabase.getCollection ( "
user");
    Bson filter = Filters.eq("name", "张三");
```

```
    Document document = new Document("$set", new Document("age", 100));
    collection.updateOne(filter, document);
}
```

在例 3-23 中,定义了 updateOneTest()函数用于修改单个文档,获取数据库和集合的内容和前文的增加删除一致,之后是修改要使用的过滤器,下一步指定修改的更新文档,最后使用 updateOne()修改单个文档。

(2) 修改多个文档用到的是 updateMany()方法,该方法接收两个参数,同样地,第一个参数选出需要修改的文档,第二个参数指定如何修改筛选出的文档。该方法可以修改过滤器筛选出的所有文档,具体代码如例 3-24 所示。

【例 3-24】 修改多个文档。

```
public void updateManyTest(){
    MongoDatabase mongoDatabase = MongoDBUtil.getConnect();
    MongoCollection<Document> collection = mongoDatabase.getCollection("
user");
    Bson filter = Filters.eq("name", "张三");
    Document document = new Document("$set", new Document("age", 42));
    collection.updateMany(filter, document);
}
```

4. 查询文档

MongoDB 使用 MongoCollection 对象的 find()方法来查询文档。该方法有多个重载方法,可以使用不带参数的 find()方法查询集合中的所有文档,也可以通过传递一个BSON 类型的过滤器查询符合条件的文档。这几个重载方法均返回一个 FindIterable 类型的对象,可通过该对象遍历出查询到的所有文档。查找集合中的所有文档的方法如例3-25 所示。

【例 3-25】 查找集合中的所有文档。

```
public void findTest(){
    MongoDatabase mongoDatabase = MongoDBUtil.getConnect();
    MongoCollection<Document> collection = mongoDatabase.getCollection("
user");
    FindIterable findIterable = collection.find();
    MongoCursor cursor = findIterable.iterator();
    while (cursor.hasNext()) {
        System.out.println(cursor.next());
    }
}
```

例 3-25 定义了 findTest()函数用于查询文档,在获取数据库连接对象和集合后通过

find()方法找到集合中的所有对象存入变量 findIterable 中,最后打印出来观察。接下来的例 3-26 指定查询过滤器查询筛选匹配的文档。

【例 3-26】 指定查询过滤器查询筛选匹配的文档。

```
public void FilterfindTest(){
    MongoDatabase mongoDatabase = MongoDBUtil.getConnect();
    MongoCollection<Document> collection = mongoDatabase.getCollection("user");
    Bson filter = Filters.eq("name", "张三");
    FindIterable findIterable = collection.find(filter);
    MongoCursor cursor = findIterable.iterator();
    while (cursor.hasNext()) {
        System.out.println(cursor.next());
    }
}
```

通过 first()方法可以取出查询到的第一个文档。取出查询到的第一个文档的方法如例 3-27 所示。

【例 3-27】 取出查询到的第一个文档。

```
public void findTest(){
    MongoDatabase mongoDatabase = MongoDBUtil.getConnect();
    MongoCollection<Document> collection = mongoDatabase.getCollection("user");
    FindIterable findIterable = collection.find();
    Document document = (Document) findIterable.first();
    System.out.println(document);
}
```

3.5.3 聚合和管道

聚合管道是 MongoDB 2.2 版本引入的功能,其概念和工作方式都类似于 Linux 中的管道操作符。聚合(Aggregation)操作大多用于批量处理数据,其输入是集合中的文档,输出可以是一条或者多条文档。通过聚合,开发人员可以将数据分组,并在分组后的数据上进行其他操作。聚合管道分为多个阶段,文档在一个阶段处理完毕后,聚合管道就会将这个处理结果传递到下一个阶段,每阶段都有相应的操作符对文档进行相应的处理。经过这样处理的文档最终可以被直接输出或者存储到集合中。

Spring Data MongoDB 提供了对 MongoDB 聚合框架的支持。例 3-28 显示了使用 Spring Data MongoDB 对 MongoDB 聚合框架的支持。

【例 3-28】 使用 Spring Data MongoDB 对 MongoDB 聚合框架的支持。

```
Aggregation agg = newAggregation(
    pipelineOP1(),
```

```
    pipelineOP2(),
    pipelineOPn()
);
AggregationResults<OutputType> results = mongoTemplate.aggregate(agg,
"INPUT_COLLECTION_NAME", OutputType.class);
List<OutputType> mappedResult = results.getMappedResults();
```

在例 3-28 的展示中,如果提供输入类作为该 newAggregation 方法的第一个参数,则MongoTemplatederiver 将从该类派生输入集合的名称。否则,如果不指定输入类,则必须显式提供输入集合的名称。如果同时提供了输入类和输入集合,则后者优先。

表 3-6 展示了 Java 中支持的 MongoDB 聚合操作。

表 3-6 Java 中支持的 MongoDB 聚合操作

名　称	操　作
管道聚合运算符	bucket、bucketAuto、count、facet、geoNear、graphLookup、group、limit、lookup、match、project、replaceRoot、skip、sort、unwind
集合聚合运算符	setEquals、setIntersection、setUnion、setDifference、setIsSubset、anyElementTrue、allElementsTrue
组汇总运算符	addToSet、first、last、max、min、avg、push、sum、(＊count)、stdDevPop、stdDevSamp
算术聚合运算符	abs、add(＊通过 plus)、ceil、divide、exp、floor、ln、log、log10、mod、multiply、pow、round(＊通过)、sqrtsubtractminustrunc
字符串聚合运算符	concat、substr、toLower、toUpper、stcasecmp、indexOfBytes、indexOfCP、split、strLenBytes、strLenCP、substrCP、trim、ltrim、rtim
比较聚合运算符	eq(＊通过: is)、gt、gte、ltltene
数组聚合运算符	arrayElementAt、arrayToObject、concatArrays、filter、in、indexOfArray、isArray、range、reverseArray、reduce、size、slice、zip
文字运算符	literal
日期汇总运算符	dayOfYear、dayOfMonth、dayOfWeek、year、month、week、hour、minute、second、millisecond、dateToString、dateFromString、dateFromParts、dateToParts、isoDayOfWeek、isoWeek、isoWeekYear
变量运算符	map
条件聚合运算符	cond、ifNull、switch
类型集合运算符	type
转换聚合运算符	convert、toBool、toDate、toDecimal、toDouble、toInt、toLong、toObjectId、toString
对象聚合运算符	objectToArray、mergeObjects

3.5.4 索引操作

通过 Java 访问 MongoDB 的索引操作包括创建索引、删除索引、查询索引等基础操作。使用 createIndex()方法创建索引如例 3-29 所示。

【例 3-29】 使用 createIndex()方法创建索引。

```
coll.createIndex(new Document("id",1));
```

同时可以创建唯一索引。例如,例 3-30 中通过 unique()函数限制创建 id 为唯一索引。

【例 3-30】 通过 unique()函数限制创建 id 为唯一索引。

```
coll.createIndex(new Document("id",1),new IndexOptions().unique(true));
```

删除索引使用 coll.dropIndexes()方法。如果在 dropIndexes()函数中添加条件则表示根据该索引名称删除某个索引。查询所有索引使用 coll.listIndexes()方法。例 3-31 展示了如何查询所有索引。

【例 3-31】 使用 coll.listIndexes()方法查询所有索引。

```
ListIndexesIterable<Document> list = coll.listIndexes();
```

3.6　通过 Python 访问 MongoDB

3.6.1　数据库和集合操作

Python 要连接 MongoDB 需要用到 MongoDB 驱动(PyMongo)。在连接驱动前,要先安装 pip(一个通用的 Python 包管理工具,提供了对 Python 包的查找、下载、安装和卸载的功能)。有了 pip 后就可以安装 PyMongo,安装指令为"python3 -m pip3 install pymongo"。安装时,也可以指定版本。例如,想要安装 3.5.1 版本则可以使用指令"python3 -m pip3 install pymongo==3.5.1"。如果曾经使用过 PyMongo,只需要更新 PyMongo 到最新版本,使用指令"python3 -m pip3 install --upgrade pymongo"。

例 3-32 创建了一个测试文件 demo_test_mongodb.py 来测试安装是否成功。

【例 3-32】 用于测试安装是否成功的测试文件 demo_test_mongodb.py 的具体内容。

```
#!/usr/bin/python3
import pymongo
```

执行例 3-32 给出的代码文件,如果没有出现错误,表示安装成功。

安装 PyMongo 驱动后,即可创建数据库。创建数据库用到的是 MongoClient 对象,并需要指定连接的 URL 地址和要创建的数据库名。如例 3-33 中创建的数据库 runoobdb。需要注意的是,在 MongoDB 中,数据库只有在存入内容后才会创建。也就是说,数据库创建后要创建集合并存入一个文档,数据库才会真正创建。

【例 3-33】　创建一个名为 runoobdb 的数据库。

```
#!/usr/bin/python3
import pymongo
myclient = pymongo.MongoClient("mongodb://localhost:27017/")
mydb = myclient["runoobdb"]
```

通过读取 MongoDB 中的所有数据库，可以判断指定的数据库是否存在。早期，Python 使用 database_names() 函数来读取 MongoDB 中所有的数据库，但在最新版本的 Python 中该函数已废弃，Python 3.7＋之后的版本改为 list_database_names() 函数。例 3-34 给出了读取 MongoDB 中所有数据库并显示的方法。

【例 3-34】　读取 MongoDB 中所有数据库并显示。

```
#!/usr/bin/python3
import pymongo
myclient = pymongo.MongoClient('mongodb://localhost:27017/')
dblist = myclient.list_database_names()
# dblist = myclient.database_names()
if "runoobdb" in dblist:
  print("数据库已存在!")
```

例 3-34 中，首先通过 MongoClient 连接到 MongoDB，之后使用 list_database_names() 方法获取所有数据库的名称存储于变量 dblist 中，之后判断某数据库是否存在。

MongoDB 使用数据库对象来创建集合，所以也可以读取 MongoDB 数据库中的所有集合，并判断指定的集合是否存在。具体实例如例 3-35 所示。同样地，在 MongoDB 中，集合只有在内容存入后才会创建。也就是说，创建集合后要再存入一个文档，集合才会真正创建。

【例 3-35】　读取 MongoDB 数据库中的所有集合，并判断指定的集合是否存在。

```
#!/usr/bin/python3
import pymongo
myclient = pymongo.MongoClient("mongodb://localhost:27017/")
mydb = myclient["runoobdb"]
mycol = mydb["sites"]
collist = mydb.list_collection_names()
# collist = mydb.collection_names()
if "sites" in collist:
  print("集合已存在!")
```

3.6.2　基本增删改查操作

通过 Python 对 MongoDB 数据库进行增删改查操作与直接在 MongoDB 中进行该操作基本相同，两者只是所用方法接口略有区别。

1. 存入数据

通过 Python 访问 MongoDB,使用 insert_one()方法向集合中存入单个文档,这个待存储的文档为字典键值对。例 3-36 为向 sites 集合中插入一个文档。

【例 3-36】 向 sites 集合中存入一个文档。

```
#!/usr/bin/python3
import pymongo
myclient = pymongo.MongoClient("mongodb://localhost:27017/")
mydb = myclient["runoobdb"]
mycol = mydb["sites"]
mydict = { "name": "RUNOOB", "alexa": "10000", "url": "https://www.runoob.com" }
x = mycol.insert_one(mydict)
print(x)
print(x.inserted_id)
```

例 3-36 的代码首先获取连接、数据库和集合,之后创建待输入的文档数据,最后一步就是通过 insert_one()函数将待输入文档存储到相应的集合中。实例最后输出的是函数返回值,其执行后的输出结果如例 3-37 所示。

【例 3-37】 insert_one()函数返回值。

```
<pymongo.results.InsertOneResult object at 0x10a34b288>
5b2369cac315325f3698a1cf
```

通过结合例 3-36 和例 3-37 可以得到,函数返回一个 InsertOneResult 对象,该对象包含 inserted_id 属性,它是插入文档的 id 值。如果在插入文档时没有指定 id,MongoDB 会为每个文档添加一个唯一的 id。

向集合中插入多个文档使用 insert_many()方法。这些待存入的文档组成一个字典列表。存入多个文档的实例如例 3-38 所示。

【例 3-38】 存入多个文档的实例。

```
#!/usr/bin/python3
import pymongo
myclient = pymongo.MongoClient("mongodb://localhost:27017/")
mydb = myclient["runoobdb"]
mycol = mydb["sites"]
mylist = [
  { "name": "张三", "age": 42, "status": "A" },
  { "name": "李四", "age": 22, "status": "A" },
  { "name": "王五", "age": 34, "status": "D" }
]
x = mycol.insert_many(mylist)
print(x.inserted_ids)
```

通过例 3-38 可以看到,insert_many()方法的第一个参数是一个数组,该方法将这个数组中所有的文档导入同一个集合。该方法返回 InsertManyResult 对象,该对象包含的 inserted_ids 属性为唯一 id。例 3-38 中输出的 inserted_ids 属性结果如例 3-39 所示。

【例 3-39】 insert_many()方法返回值的 inserted_ids 属性。

```
[ObjectId('5b236aa9c315325f5236bbb6'), ObjectId('5b236aa9c315325f5236bbb7'),
ObjectId('5b236aa9c315325f5236bbb8')]
```

通过例 3-39,读者可以看到 insert_many()方法返回的 InsertManyResult 对象包含 inserted_ids 属性,该属性保存着所有存入文档的全部 id 值,也是一个列表。

当然,也可以指定 id 存入集合,例 3-40 是指定 id 向 site2 集合存入数据的具体案例。

【例 3-40】 指定 id 向 site2 集合存入数据。

```
#!/usr/bin/python3
import pymongo
myclient = pymongo.MongoClient("mongodb://localhost:27017/")
mydb = myclient["runoobdb"]
mycol = mydb["site2"]
mylist = [
  { "_id": 1, "name": "张三", "age": 42, "status": "A"},
  { "_id": 2, "name": "李四", "age": 22, "status": "A"},
  { "_id": 3, "name": "王五", "age": 34, "status": "D" }
]
x = mycol.insert_many(mylist)
print(x.inserted_ids)
```

例 3-40 得到的输出结果为[1, 2, 3],也就是说,输出的 id 为存入时指定的 id。

2. 删除数据

Python 使用 delete_one()方法来删除 MongoDB 数据库中的一个文档,该方法第一个参数为查询对象,指定要删除哪个数据。删除 name 字段值为"张三"的文档的案例如例 3-41 所示。

【例 3-41】 删除 name 字段值为"张三"的文档的案例。

```
#!/usr/bin/python3
import pymongo
myclient = pymongo.MongoClient("mongodb://localhost:27017/")
mydb = myclient["runoobdb"]
mycol = mydb["sites"]
myquery = { "name": "张三" }
mycol.delete_one(myquery)
```

delete_many()方法用来删除多个文档,该方法第一个参数为查询对象,指定要删除哪些数据。例 3-42 为删除所有 name 字段中以 F 开头的文档。

【例 3-42】　删除所有 name 字段中以 F 开头的文档的案例。

```
#!/usr/bin/python3
import pymongo
myclient = pymongo.MongoClient("mongodb://localhost:27017/")
mydb = myclient["runoobdb"]
mycol = mydb["sites"]
myquery = { "name": {"$regex": "^F"} }
x = mycol.delete_many(myquery)
```

delete_many()方法如果传入的是一个空的查询对象,则会删除集合中的所有文档。drop()方法用来删除一个集合。例 3-43 删除了 customers 集合。

【例 3-43】　删除 customers 集合。

```
#!/usr/bin/python3
import pymongo
myclient = pymongo.MongoClient("mongodb://localhost:27017/")
mydb = myclient["runoobdb"]
mycol = mydb["sites"]
mycol.drop()
```

3. 修改数据

Python 使用 update_one()方法修改 MongoDB 数据库文档中的记录。该方法第一个参数为查询的条件,第二个参数为要修改的字段。如果查找到的匹配数据多于一条,则只会修改第一条。例 3-44 将 age 字段的值 42 改为 43。

【例 3-44】　将 age 字段的值 42 改为 43。

```
#!/usr/bin/python3
import pymongo
myclient = pymongo.MongoClient("mongodb://localhost:27017/")
mydb = myclient["runoobdb"]
mycol = mydb["sites"]
myquery = { "age":42 }
newvalues = { "$set": { "age":43 } }
mycol.update_one(myquery, newvalues)
```

update_one()方法只能修匹配到的第一条记录,如果要修改所有匹配到的记录,可以使用 update_many()。例 3-45 将查找所有以 F 开头的 name 字段,并将匹配到的所有记录的 age 字段修改为 0。

【例 3-45】　查找所有以 F 开头的 name 字段,并将匹配到的记录的 age 字段修改为 0。

```
#!/usr/bin/python3
import pymongo
myclient = pymongo.MongoClient("mongodb://localhost:27017/")
mydb = myclient["runoobdb"]
mycol = mydb["sites"]
myquery = { "name": { "$regex": "^F" } }
newvalues = { "$set": { "age": 0 } }
x = mycol.update_many(myquery, newvalues)
```

4. 查询数据

Python 中，使用 find() 和 find_one() 方法查询 MongoDB 集合中的数据，它类似于 SQL 中的 SELECT 语句。使用 find_one() 方法可以查询集合中的一条数据。查询 sites 集合中的第一条数据如例 3-46 所示。

【例 3-46】 sites 集合中的第一条数据。

```
#!/usr/bin/python3
import pymongo
myclient = pymongo.MongoClient("mongodb://localhost:27017/")
mydb = myclient["runoobdb"]
mycol = mydb["sites"]
x = mycol.find_one()
```

find() 方法可以查询集合中的所有数据，类似 SQL 中的 SELECT * 操作。例 3-47 查找了 sites 集合中的所有数据。

【例 3-47】 查找 sites 集合中的所有数据。

```
#!/usr/bin/python3
import pymongo
myclient = pymongo.MongoClient("mongodb://localhost:27017/")
mydb = myclient["runoobdb"]
mycol = mydb["sites"]
for x in mycol.find():
```

find() 方法还可以用来查询指定字段的数据，将要返回的字段对应值设置为 1。例 3-48 将查找所有 age 字段和 name 字段。要注意的是，除了 _id，不能在一个对象中同时指定 0 和 1，如果设置了一个字段为 0，则其他都为 1，反之亦然。

【例 3-48】 在 sites 集合中查找所有 age 字段和 name 字段。

```
#!/usr/bin/python3
import pymongo
myclient = pymongo.MongoClient("mongodb://localhost:27017/")
```

```
mydb = myclient["runoobdb"]
mycol = mydb["sites"]
for x in mycol.find({},{ "_id": 0, "name": 1, "age": 1 }):
```

实际使用时,经常在 find()函数中设置参数来过滤数据。如例 3-49 的代码可以用于查找 name 字段为"张三"的数据。

【例 3-49】 查找 name 字段为"张三"的数据。

```
myquery = { "name": "张三" }
mydoc = mycol.find(myquery)
```

查询的条件语句可以使用修饰符。例 3-50 用于读取 name 字段中第一个字母 ASCII 值大于"H"的数据,大于的修饰符条件为{"＄gt":"H"}。

【例 3-50】 读取 name 字段中第一个字母 ASCII 值大于"H"的数据。

```
myquery = { "name": { "$gt": "H" } }
mydoc = mycol.find(myquery)
```

正则表达式也可以作为修饰符。正则表达式修饰符只用于搜索字符串的字段。例 3-51 用于读取 name 字段中第一个字母为"R"的数据,正则表达式修饰符条件为{"＄regex":"^R"}。

【例 3-51】 读取 name 字段中第一个字母为"R"的数据。

```
myquery = { "name": { "$regex": "^R" } }
mydoc = mycol.find(myquery)
```

对查询结果设置指定条数的记录可以使用 limit()方法,该方法只接受一个数字参数。例 3-52 将返回记录限制为 3 条文档记录。

【例 3-52】 将 find()函数返回记录限制为 3 条。

```
myresult = mycol.find().limit(3)
```

sort()方法可以指定升序或降序排序。该方法的第一个参数为要排序的字段,第二个字段指定排序规则,1 为升序,−1 为降序,默认为升序。对字段 age 按升序排序如例 3-53 所示,只需要添加 age 一个条件。

【例 3-53】 添加条件对字段 age 进行排序。

```
mydoc = mycol.find().sort("age")
mydoc = mycol.find().sort("age", -1)
```

在例 3-53 中,通过使用 sort()方法对 age 字段进行排序,其中默认排序为升序,如果添加参数−1 则表示降序排列。

3.6.3 聚合和管道

在 Python 中常用的管道聚合参数是 $match，$group，$sort 和 $limit，其管道聚合表达式可以参考例 3-54 的写法。

【例 3-54】 Python 中聚合管道表达式写法。

```
pipeline = [{$match},{$group},{$sort},{$limit}] collection.aggregate
(pipeline)
```

例 3-55 展示了 pipeline 中管道参数的一些使用。

【例 3-55】 pipeline 中管道参数的一些使用。

```
pipeline = [
    {'$match': {'$and': [{'name': '张三'},{'state': 'A'}]}},
    {'$group': {'_id': '$age','counts': {'$sum': 1}}},
    {'$sort': {'counts': -1}},
    {'$limit': 10}
]
```

在例 3-55 中，$group 的前一个参数以 age 字段分组统计，因为 age 是已有字段，所以添加"$"，_id 是标记作用域的符号，跟集合中的_id 是两回事。后一个参数是作 $sum 计数，1 是每次计 1。$sort 中的-1 表示从大到小排列，$limit 表示只要排序后的前十个结果。

3.6.4 索引操作

在 Python 代码中可以非常方便地对 MongoDB 添加索引，本节提供两种方法，第一种是联合索引，联合索引如例 3-56 所示。

【例 3-56】 联合索引。

```
Mycol.create_index([('type', pymongo.DESCENDING), ('before_id', pymongo.
ASCENDING)])
```

第二种是单一索引，如例 3-57 所示。

【例 3-57】 单一索引。

```
Mycol.create_index("张三")
```

以上两种方法都可以添加 unique＝True 来控制索引的唯一性。如果想添加多个索引可以参考 create_indexes()方法，如例 3-58 所示。

【例 3-58】 使用 create_indexes()方法添加多个索引。

```
def create_indexes(self, indexes, session=None, **kwargs).
```

第 4 章

MongoDB分片与副本集

前文介绍了 MongoDB 数据库中的基本操作，以 MongoDB 数据库为例，具体阐述了文档数据库的使用方法和适用范畴。

本章将进一步从 MongoDB 副本集和分片的概念和使用出发，讲解 MongoDB 应对大量数据高并发出现的解决策略。

MongoDB 副本集可分为两种：主从复制（Master-Slave）和副本集（Replica Sets）。

4.1　副本集概述

4.1.1　副本集概念

MongoDB 中存在副本集的概念，副本集为 MongoDB 提供了自动故障恢复功能。

要想了解副本集，首先要了解的就是主从集群。主从集群通过主从复制在几台机器之间进行同步操作。开发人员在主结点上操作数据，这些数据会同步到其他子结点上。

副本集就是有自动故障恢复功能的主从集群。副本集与主从集群不同的是副本集没有固定的"主结点"，整个集群会选出一个"主结点"，当其出现错误后，又在剩下的从结点中选中其他结点为"主结点"。

MongoDB 副本集可分为主从复制和副本集。主从复制实现数据同步只需要在某一台服务器启动时加上"-master"参数，以指明此服务器的角色是主结点；另一台服务器加上"-slave"和"-source"参数，以指明此服务器的角色是从结点。主从复制的优点如下。

（1）从服务器可以执行查询工作，降低主服务器访问压力。

（2）在从服务器执行备份，避免备份期间锁定主服务器的数据。

（3）当主服务器出现故障时，可以快速切换到从服务器，减少宕机时间（MongoDB 的最新版本已不再推荐此方案）。

（4）主从复制虽然可以承受一定的负载压力，但这种方式仍然是一个单点，如果主库挂了，数据写入就存在风险。

MongoDB 在 1.6 版本开发了新功能副本集，这比之前的复制功能要强大一些，增加了故障自动切换和自动修复成员结点，各个数据库之间数据完全一致，大大降低了维护成本。副本集的结构类似一个集群，完全可以把它当成一个集群，因为它确实与集群实现的作用是一样的：如果其中一个结点出现故障，其他结点马上会将业务接管过来而无须停机操作。

4.1.2　副本集成员

MongoDB 的复制至少需要两个结点。其中一个是主结点（Primary），负责处理客户端请求，其余的都是从结点（Secondary），负责复制主结点上的数据。副本集具有自动故障恢复的功能。MongoDB 各个结点常见的搭配方式为：一主一从或一主多从。主结点记录在其上的所有操作，从结点定期轮询主结点获取这些操作，然后对自己的数据副本执行这些操作，从而保证从结点的数据与主结点一致。MongoDB 副本集结构如图 4-1 所示。

图 4-1　MongoDB 副本集结构图

图 4-1 的结构图中显示，客户端从主结点读取数据并从客户端写入数据到主结点。主结点与从结点进行数据交互保障数据的一致性。

4.2　部署副本集

4.2.1　环境准备

MongoDB 副本集部署的环境准备部分需要创建三个目录用于存储数据文件。例 4-1 的代码创建了 3 个目录，其中，SERVER-1 使用"/data/data/r0"目录存储数据文件，SERVER-2 使用"/data/data/r1"目录存储数据文件，SERVER-3 使用"/data/data/r2"目录存储数据文件。

【例 4-1】　创建用于存储数据文件的目录。

```
#mkdir-p/data/data/r0
#mkdir-p/data/data/r1
#mkdir-p/data/data/r2
```

这之后还需要创建日志文件存储路径，创建"/data/log"目录用于存储 3 个结点的系统日志文件如例 4-2 所示。

【例 4-2】　创建"/data/log"目录用于存储 3 个结点的系统日志文件。

```
#mkdir-p/data/log
```

同时需要创建复制集 key 文件存储路径。key 文件用于标识同一复制集的私钥,如果 3 个结点的 key 文件内容不一致,复制集将不能正常使用。复制集代码如例 4-3 所示。

【例 4-3】　创建复制集 key 文件存储路径。

```
#mkdir-p/data/key
#echo"this is rs1 super secret key">/data/key/r0
#echo"this is rs1 super secret key">/data/key/r1
#echo"this is rs1 super secret key">/data/key/r2
#chmod 600/data/key/r *
```

　　例 4-3 创建 3 个文件用于存储复制集的 key 信息,其中,SERVER-1 使用"/data/key/r0" key 文件,SERVER-2 使用"/data/key/r1"key 文件,SERVER-3 使用"/data/key/r2"key 文件。

4.2.2　副本集的安装与启动

　　准备好副本集启动的环境后,可以启动 3 个 MongoDB 实例来模拟 3 个结点。在本例中,启动 3 个 MongoDB 实例来模拟 3 个结点。启动 MongoDB 实例,模拟 SERVER-1、SERVER-2、SERVER-3 结点的方法如例 4-4 所示。

【例 4-4】　启动 MongoDB 实例,模拟 SERVER-1、SERVER-2、SERVER-3 结点的方法。

```
[root@localhost~]#/Apps/mongo/bin/mongod--replSet rs1--keyFile
/data/key/r0--fork--port 28010--dbpath/data/data/r0--
logpath=/data/log/r0.log--logappend
all output going to:/data/log/r0.log
forked process:2489
[root@localhost~]#/Apps/mongo/bin/mongod--replSet rs1--keyFile
/data/key/r1--fork--port 28011--dbpath/data/data/r1--
logpath=/data/log/r1.log--logappend
all output going to:/data/log/r1.log
forked process:2492
[root@localhost~]#/Apps/mongo/bin/mongod--replSet rs1--keyFile
/data/key/r2--fork--port 28012--dbpath/data/data/r2--
logpath=/data/log/r2.log--logappend
all output going to:/data/log/r2.log
forked process:2497
```

　　例 4-4 的指令中的 replSet 指明复制集的名称。本例的取值是"rs1",其他的结点也必须起这个名字才能保证 3 个结点间的连通性。keyFile 是复制集 key 文件的路径,对于本例它的取值是"/data/key/r0",其他的结点也必须起这个名字才能保证 3 个结点间的连通性。fork 将命令放在后台执行。Port 是 MongoDB 的监听端口,用于接收客户端请求。Dbpath 是数据文件存储路径。Logpath 指系统日志文件存放的位置。logappend 明确指明日志的写入模式是追加,而非覆盖方式。

4.2.3　副本集的初始化

下一步是配置结点信息并初始化副本集环境。在本例中,首先通过执行"/Apps/mongo/bin/mongo-port 28010"命令连接到 SERVER-1 实例;然后通过执行"config_rs1 ={_id: 'rs1',members:⋯}"命令来命名副本集配置的名字,指定副本集 3 个结点的信息。其中,参数"id"指明副本集的名字,本例的值是"rs1"。接下来通过执行"rs.initiate (config_rs1)"命令启动副本集,其中,参数"config_rs1"就是副本集配置的名字。具体代码如例 4-5 所示。

【例 4-5】　配置结点信息并初始化副本集环境。

```
# /Apps/mongo/bin/mongo-port 28010
MongoDB shell version:1.8.1
connecting to:127.0.0.1:28010/test
>config_rs1={_id:'rs1',members:[
...{_id:0,host:'localhost:28010'},
...{_id:1,host:'localhost:28011'},
...{_id:2,host:'localhost:28012'}]
...
}
>rs.initiate(config_rs1);
{
"info":"Config now saved locally.Should come online in about a minute.",
"ok":1
}
```

配置副本集时需要注意优先级(Priority)的概念。当优先级为 0 时,说明这个实例永远不可能被设置成优先的。也就是说,它只能作为一个从结点而存在,即使在主库宕机的情况下,它也不能被选为主库。这种方式其实与最原始的主从复制方式是一致的。例如,例 4-6 的配置中,将 28010 和 28012 这两个端口的实例优先级调成 0,系统就只能选 28011 作为主库,如例 4-6 所示。

【例 4-6】　将 28010 和 28012 端口的实例优先级调成 0。

```
config_rs1={_id:'rs1',members:[
{_id:0,host:'localhost:28010',priority:0},
{_id:1,host:'localhost:28011'},
{_id:2,host:'localhost:28012',priority:0}]
}
```

复制集启动后,可以通过查看复制集状态,分析复制集的各项运行指标。

4.3 副本集基本操作

4.3.1 查看成员状态

副本集的每个成员都有一个状态,查看副本集成员状态,可以进入 mongo shell 命令行,通过 rs.conf()命令查看结点状态。

副本集成员状态及其说明如表 4-1 所示。

表 4-1 副本集成员状态说明

状态号	状态名称	释义	说　　　明
0	STARTUP	启动	尚未成为任何集群的活跃成员。所有成员都以这种状态启动。MongoDB 在启动时会解析副本集配置文档
1	PRIMARY	主	处于 Primary 状态的成员是唯一可接受写操作的成员。有资格投票
2	SECONDARY	辅助	处于 Secondary 状态的成员正在复制数据存储。有资格投票
3	RECOVERING	恢复	成员执行启动自检,或从完成回滚或重新同步过渡。有资格投票
4	STARTUP2	启动 2	该成员已加入集群,并且正在运行初始同步。有资格投票
5	UNKNOWN	未知	从集群中另一个成员的角度看,该成员的状态未知
6	ARBITER	仲裁	仲裁不复制数据,仅存在于选举中。有资格投票
7	DOWN	掉线	从该集群的另一个成员看,该成员无法访问
8	ROLLBACK	回滚	该成员正在积极执行回滚。有资格投票。无法从该成员读取数据。从 4.2 版开始,当成员进入 ROLLBACK 状态时,MongoDB 将终止所有正在进行的用户操作
9	REMOVED	已删除	此成员曾经在副本集中,但随后被删除

4.3.2 同步副本文档

MongoDB 副本集同步主要包含两个步骤。先通过 init sync 同步全量数据,再通过复制不断重放主结点上的日志(OPlog)同步增量数据。全量同步完成后,成员从启动 2 (STARTUP2)状态转换为辅助(SECONDARY)状态。

首先,要进行初始化同步。全量同步开始,获取同步源上的最新时间戳 t1,全量同步集合数据,建立索引(比较耗时),这之后获取同步源上最新的时间戳 t2,获取到 t1 和 t2 后,重放 t1 到 t2 之间所有的日志,全量同步结束。也就是遍历 Primary 上所有 DB 的所有集合,将数据复制到自身结点,然后读取全量同步开始到结束时间段内的日志并重放。

initial sync 结束后,从结点会建立到主结点上 local.oplog.rs 的游标(Tailable

Cursor），不断从主结点上获取新写入的日志，并应用到自身。

在初始化同步时，如果从结点出现日志为空，local.replset.minvalid 集合里_initialSyncFlag字段设置为 true（用于 init sync 失败处理）或内存标记 initialSyncRequested 设置为 true（用于 resync 命令，resync 命令只用于主从架构，副本集无法使用）的状况时，需要先进行全量同步。如果新结点加入，无任何日志，此时需先进行 initial sync。initial sync 开始时，会主动将_initialSyncFlag 字段设置为 true，正常结束后再设置为 false；如果结点重启时，发现_initialSyncFlag 为 true，说明上次全量同步中途失败了，此时应该重新进行initial sync。当用户发送 resync 命令时，initialSyncRequested 会设置为 true，此时会强制重新开始一次 initial sync。initial sync 会在为每个集合复制文档时构建所有集合索引。在早期版本（3.4 之前）的 MongoDB 中，仅_id 在此阶段构建索引。initial sync 复制数据的时候会将新增的日志记录存到本地。

全量同步结束后，从结点就开始从结束时间点建立游标，不断地从同步源拉取日志并重放应用到自身，这个过程并不是由一个线程来完成的，MongoDB 为了提升同步效率，将拉取日志以及重放日志分到了不同的线程来执行。

具体线程包括 Producer Thread，ReplBatcher Thread 和 OplogApplication。其中，Producer Thread 不断地从同步源上拉取日志，并加入到一个 BlockQueue 的队列里保存着，BlockQueue 最大存储 240MB 的日志数据，当超过这个阈值时，就必须等到日志被ReplBatcher 消费掉才能继续拉取。ReplBatcher Thread 负责逐个从 Producer Thread 的队列里取出日志，并放到自己维护的队列里，这个队列最多允许 5000 个元素，并且元素总大小不超过 512MB，当队列满了时，就需要等待 OplogApplication 消费掉。OplogApplication会取出 ReplBatch Thread 当前队列的所有元素，并将元素根据 docld（如果存储引擎不支持文档锁，则根据集合名称）分散到不同的 ReplWriter 线程，ReplWriter 线程将所有的日志应用到自身；等待所有日志都应用完毕，OplogApplication 线程将所有的日志顺序写入到 local.oplog.rs 集合。

4.3.3　故障转移

故障转移指的是当活动的服务或应用意外终止时，快速启用冗余或备用的服务器、系统、硬件或者网络接替它们工作。故障转移与交换转移操作基本相同，只是故障转移通常是自动完成的，没有警告提醒手动完成，而交换转移需要手动进行。

MongoDB 通过副本集的搭建很好地做到了故障转移。副本集具有多个副本，保证了容错性，就算一个副本出现错误了还有很多副本存在，主结点出现错误了，整个集群内会自动切换。客户端连接到整个副本集，不关心具体哪一台机器是否出现错误。主服务器负责整个副本集的读写，副本集定期同步数据备份，一旦主结点出现错误，副本结点就会选举一个新的主服务器，这一切对于应用服务器不需要关心。

需要注意的是，在副本集中仲裁结点是必要的，它是一种特殊的结点，本身并不存储数据，主要的作用是决定哪一个从结点在主结点出现错误之后提升为主结点，所以客户端不需要连接此结点。即是只有一个从结点，也需要一个仲裁结点来提升从结点级别。没仲裁结点的话，主结点挂了从结点还是从结点。

4.3.4　配置副本集成员

一个 MongoDB 副本集群中包含主成员、辅助成员和仲裁成员,成员的相关配置不相同,则其承担的角色也不同,本节就副本集中成员的相关配置做介绍。

一个副本集需要包含主成员和辅助成员,这里用到了副本集成员的优先级设置。设置副本集成员的优先级,其实就是设置 priority 选项,该选项的默认值是 1,其值大小可以是 0～1000 的浮点数,该值越高,则优先级越高,越可能发起选举,并在投票选举中获胜。若要阻止成员竞选为主成员,请将其优先级设为 0,对于隐藏成员和延迟成员,其优先级为 0。例 4-7 以将 192.168.56.105 的优先级设置为 2 为例演示如何设置成员的优先级。

【例 4-7】　将 192.168.56.105 的优先级设置为 2。

```
>var cfg=rs.conf()
>cfg.members[3].priority=2
>rs.reconfig(cfg)
```

阻止辅助成员在故障切换时变为主成员,可将辅助成员的 priority 设置为 0,具体如例 4-8 所示。

【例 4-8】　将辅助成员的 priority 设置为 0。

```
>var cfg=rs.conf()
>cfg.members[1].priority=0
0
>rs.reconfig(cfg)
```

隐藏成员是副本集的一部分,但是它不能变为主成员,并且对客户端应用来说是不可见的,隐藏成员可以进行选举。隐藏成员最常见的用途是支持延迟成员,如果仅仅是防止成员成为主成员,则将其优先级配置为 0 即可。如果配置辅助成员为隐藏成员,设置 priority 选项为 0,并且设置 hidden 选项为 true,具体如例 4-9 所示。

【例 4-9】　配置辅助成员为隐藏成员。

```
>var cfg=rs.conf()
>cfg.members[1].priority=0
0
>cfg.members[1].hidden=true
true
>rs.reconfig(cfg)
```

配置成员为延迟成员,需设置 priority 选项为 0,hidden 选项为 true,并且设置 slaveDelay 的值为延迟的秒数。设置实例中延迟秒数为 3600,具体配置如例 4-10 所示。

【例 4-10】　配置成员为延迟成员。

```
>var cfg=rs.conf()
```

```
>cfg.members[0].priority=0
0
>cfg.members[0].hidden=true
true
>cfg.members[0].slaveDelay=3600
3600
>rs.reconfig(cfg)
```

对于非投票成员,可用于对主成员读操作的分流,设置 votes 选项和 priority 选项为 0。
具体如例 4-11 所示。

【例 4-11】 设置 votes 选项和 priority 选项为 0。

```
>var cfg=rs.conf()
>cfg.members[0].priority=0
0
>cfg.members[0].votes=0
0
>rs.reconfig(cfg)
```

如果辅助成员不再需要用于存放数据,但需要将它用于投票选举主成员,那么可以将
其转换为仲裁成员。其方法有两种,分别是使用原端口用于仲裁成员的端口和使用新端
口用于仲裁成员的端口。

使用原端口进行转换,首先要关闭辅助成员,然后需要移除辅助成员,可以执行 rs.
conf()验证辅助成员已删除。具体如例 4-12 所示。

【例 4-12】 移除辅助成员。

```
>db.shutdownServer()
>rs.remove('192.168.56.102:27017')
>rs.conf()
```

这之后需要删除数据目录,创建新的数据目录,然后重启 MongoDB 实例,再增加仲
裁成员即可。具体指令如例 4-13 所示。

【例 4-13】 增加仲裁成员。

```
rm -rf /data/db
mkdir /data/db
mongod -f /data/conf/mongod.cnf
rs.addArb('192.168.56.102:27017')
rs.conf()
```

如果选择使用新端口进行转换,那么首先需要创建数据目录,然后在新端口启动
MongoDB 实例,这之后将新建的实例连接到当前主库,验证仲裁成员已增加后即可关闭
并移除辅助成员。具体指令如例 4-14 所示。

【例 4-14】 使用新端口进行辅助成员到仲裁成员的转换。

```
mkdir /data/db
mongod - - port 27018 - - dbpath /u01/data/db_temp - - replSet rep1 - - bind_
ip localho
rs.addArb('192.168.56.102:27018')
rs.conf()
db.shutdownServer()
rs.remove('192.168.56.102:27017')
rm -rf /data/db_old
```

4.4 副本集机制

4.4.1 同步机制

一个健康的从结点在运行时,会选择一个离自己最近的,数据比自己新的结点进行数据同步。选定结点后,它会从这个结点拉取日志同步日志。具体流程是这样的:结点会首先执行这个日志,然后将这个日志写入到自己的日志中(local.oplog.rs),这之后再请求下一个日志。

如果同步操作在第 1 步和第 2 步之间出现问题宕机,那么从结点再重新恢复后,会检查自己这边最新的日志,由于第 2 步还没有执行,所以自己这边还没有这条写操作的日志。这时候它会再把刚才执行过的那个操作执行一次。那对同一个写操作执行两次会不会有问题呢? MongoDB 在设计日志时就考虑到了这一点,所以所有的日志都是可以重复执行的,比如执行 {$inc:{counter:1}} 对 counter 字段加 1,counter 字段在加 1 后值为 2,那么在日志里并不会记录 {$inc:{counter:1}} 这个操作,而是记录 {$set:{counter:2}}这个操作。所以无论多少次执行同一个写操作,都不会出现问题。

4.4.2 心跳检测机制

从 MongoDB 3.0 版本开始,副本集之间通过心跳信息来同步成员的状态信息,每个结点会周期性地向副本集内其他的成员发送心跳信息来获取状态,如 rs.status()看到的副本集状态信息。

一次心跳请求分为 3 个阶段(主动发起心跳请求的结点称为源,接收到心跳请求的称为目标)。

(1)源向目标发送心跳请求。

(2)目标处理心跳请求,并向源发送应答。

(3)源接收到心跳应答,更新目标结点状态。

默认配置下,副本集的结点每隔 2s 会向其他成员发送一次心跳请求,即发送 replSetHeartbeat 命令请求,心跳请求的内容类似如下(通过 mongosniff 抓包获取),主要包含 replSetName、发送心跳的结点地址、副本集版本等。

副本集成员收到心跳请求后,就开始处理请求,并将处理的结果回复给请求的结点。如果自身不是副本集模式、或副本集名称不匹配,则返回错误应答。如果源结点的副本集配置(rs.conf()的内容)版本比自己低,则将自身的配置加入到心跳应答消息里。成员还会将结点自身的日志及其他状态信息等加入到心跳应答消息。如果自身是未初始化状态,则立即向源结点发送心跳请求,以更新副本集配置。

更新目标结点状态是最主要的处理部分,结点收到心跳应答后,会根据应答消息来更新对端结点的状态,并根据最终的状态确定是否需要进行重新选举。收到心跳应答时,如果是错误应答(心跳消息超时未应答相当于收到了错误应答),会分为两种情况:如果当前重试次数小于等于 kMaxHeartbeatRetries(默认为 2s),并且上一次发送心跳在 kDefaultHeartbeatTimeoutPeriod(默认为 10s)时间内,则立即发送下一次心跳。但当失败次数超过 kMaxHeartbeatRetries,或者上一次心跳时间到现在超过 kDefaultHeartbeatTimeoutPeriod,则认为结点 down。

4.4.3 选举机制

在心跳检测机制中,更新目标结点状态是最主要的处理部分,结点收到心跳应答后,会根据应答消息来更新对端结点的状态,并根据最终的状态确定是否需要进行重新选举。

如果对端的副本集版本比自己高,则更新自己的配置并持久化到本地数据库中。成员更新状态还会根据应答消息更新对端的状态信息。

如果成员自身是主结点,当发现有优先级更高的结点可被选为主,则主动降级。

如果其他是主结点,但自身有更高的优先级并可被选为主,则会主动要求主结点降级。

如果当前没有主结点,则主动发起新的选举,当得到大多数结点的同意后,即可选出新的主结点。

4.5 分片概述

4.5.1 分片概念

当 MongoDB 数据库存储海量的数据时,一台机器可能不足以存储数据,也可能不足以提供可接收的读写吞吐量。这时,就可以通过在多台机器上分割数据,使得数据库系统能存储和处理更多的数据。这就引出了 MongoDB 中的另一种集群——分片。

分片技术可以满足 MongoDB 数据量大量增长的需求。它使得集合中的数据分散到多个分片集中,使 MongoDB 数据库具备横向的发展。

4.5.2 分片策略

分片支持单个集合的数据分散在多个分片上。目前主要有两种数据分片的策略:范围分片(Range Based Sharding)和哈希分片(Hash Based Sharding)。

在范围分片的策略中,集合是根据字段来进行分片。根据字段的范围不同将一个集合的数据存储在不同的分片中。每个 Shard 可以存储很多个块(Chunk),块存储在哪个 Shard 的信息会存储在 Config Server 中,Mongos 也会根据各个 Shard 上的块数量来自动做负载均衡。

范围分片适合满足在一定范围内的查找,例如,查找 X 的值在 100～200 的数据,Mongo 路由根据 Config Server 中存储的元数据,可以直接定位到指定的 Shard 的块中,但如果 Shard Key 有明显递增(或者递减)趋势,则新插入的文档多会分布到同一个块,无法扩展写的能力。

哈希分片是根据用户的 Shard Key 计算哈希值(64 位整型),根据哈希值按照范围分片的策略将文档分布到不同的块。哈希分片与范围分片互补,能将文档随机地分散到各个块,充分地扩展写能力,弥补了范围分片的不足。但同时它也不能高效地服务范围查询,所有的范围查询要分发到后端所有的 Shard 才能找出满足条件的文档。

在分片过程中,要合理地选择 Shard Key。选择 Shard Key 时,要根据业务的需求及范围分片和哈希分片两种方式的优缺点合理选择,要根据字段的实际原因对数据进行分片,否则会产生过大的块。

4.5.3　分片架构

图 4-2 展示了在 MongoDB 中使用分片集群结构分布。

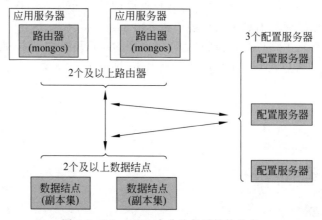

图 4-2　MongoDB 中分片集群结构分布

图 4-2 中主要有如下所述三个主要组件。其中,Shard 用于存储实际的数据块,实际生产环境中一个 Shard Server 角色可由几台机器组成一个 Relica Set 承担,防止主机单点故障。Config Server 是 MongoDB 实例,存储了整个 ClusterMetadata,其中包括块信息。Mongos 是 Sharded Cluster 的访问入口,所有的请求都通过 Mongos 来路由、分发、合并,这些动作对客户端透明。Mongos 会根据请求类型及 Shard Key 将请求路由到对应的 Shard。在生产环境中通常有多个 Mongos,目的是防止其中一个出现错误后所有的 MongoDB 请求都无法操作。

4.6　部署分片集群

4.6.1　环境准备

创建 MongoDB 配置文件,定义启动所需相关参数,配置文件 mongodb.conf 如例 4-15 所示。

【例 4-15】　MongoDB 配置文件 mongodb.conf。

```
cd /usr/local/mongodb/bin/
vim mongodb.conf
  #!/bin/bash
  port=27017
  dbpath=/data/mongodb1
  logpath=/data/logs/mongodb/mongodb1.log
  logappend=true
  fork=true
  maxConns=5000
  storageEngine=mmapv1
```

在例 4-15 的配置文件编写时需要注意在之前编写 MongoDB 启动所需的配置文件时,要指定 storageEngine 为内存映射文件,才会出现.ns 文件,如果没有添加 storageEngine＝mmapv1 这行,会被记录为.wt 文件。

配置 confi1 配置文件,confi2 和 confi3 文件以类似的方法配置。具体代码如例 4-16 所示。

【例 4-16】　配置 confi2 和 confi3 配置文件。

```
[root@localhost db2]# vim config1.conf
[root@localhost db1]# vim configsvr.conf
logpath=/home/mongodb/test/db1/log/db1.log
pidfilepath=/home/mongodb/test/db1/db1.pid
logappend=true
port=30000
fork=true
dbpath=/home/mongodb/test/db1/data
configsvr=true
oplogSize=512
replSet=config

[root@localhost db4]# vim  mongos.conf
logpath=/home/mongodb/test/db4/log/db4.log
pidfilepath=/home/mongodb/test/db4/db4.pid
logappend=true
```

```
port=40004
fork=true
configdb=mongos/172.17.237.33:30000,172.17.237.34:30001,172.17.237.36:30002
```

4.6.2　部署 MongoDB

在 Linux 中部署 MongoDB,首先要添加防火墙规则,指令如例 4-17 所示。

【例 4-17】　添加防火墙规则。

```
iptables -I INPUT -m state --state NEW -m tcp -p tcp --dport 27017 -j ACCEPT
service iptables save
```

然后需要设置内核参数,关闭 NUMA。例 4-18 中第一段代码表示当某个结点可用内存不足时系统会从其他结点分配内存。第二段指令输入后可以启动 MongoDB,进而看到其进程是否启动成功。

【例 4-18】　设置内核参数,关闭 NUMA。

```
echo 0 >/proc/sys/vm/zone_reclaim_mode
sysctl -w vm.zone_reclaim_mode=0

/usr/local/mongodb/bin/mongod --config /usr/local/mongodb/bin/mongodb.conf
netstat -anpt | grep mongod
tcp        0      0 127.0.0.1:27017              0.0.0.0: *
LISTEN        33475/mongod
```

想要停止 MongoDB 时,可采用例 4-19 的方法,直接查看或结束进程。

【例 4-19】　直接查看或结束进程。

```
ps aux | grep mongod
root      33475  0.3 10.0 1537520 100864 ?      Sl   04:29   0:00 /usr/local/
mongodb/bin/mongod --config /usr/local/mongodb/bin/mongodb.conf
kill -2 33475
```

或者使用-shutdown 结束 MongoDB。具体代码如例 4-20 所示。

【例 4-20】　使用-shutdown 结束 MongoDB。

```
/usr/local/mongodb/bin/mongod - f /usr/local/mongodb/bin/mongodb. conf
-shutdown
```

4.6.3　部署 Config Server

运行写好的配置文件启动 Config Server。具体指令及运行结果如例 4-21 所示。

【例 4-21】　启动 Config Server。

```
[root@My-Dev bin]# ./mongod -f /home/mongodb/test/db1/config1.conf
about to fork child process, waiting until server is ready for connections.
forked process: 5260
child process started successfully, parent exiting
[root@My-Dev bin]# ./mongod -f /home/mongodb/test/db2/config2.conf
about to fork child process, waiting until server is ready for connections.
forked process: 5202
child process started successfully, parent exiting
[root@My-Dev bin]# ./mongod -f /home/mongodb/test/db3/config3.conf
about to fork child process, waiting until server is ready for connections.
forked process: 4260
child process started successfully, parent exiting
```

配置了 shard1 配置文件后，shard2 和 shard3 配置文件与 shard1 类似。具体代码如例 4-22 所示。

【例 4-22】　配置文件。

```
[root@My-Dev db8]# more shard11.conf
logpath=/home/mongodb/test/db8/log/db8.log
pidfilepath=/home/mongodb/test/db8/db8.pid
directoryperdb=true
logappend=true
port=60000
fork=true
dbpath=/home/mongodb/test/db8/data
oplogSize=512
replSet=sha
shardsvr=true
[root@My-Dev db9]# more shard12.conf
logpath=/home/mongodb/test/db9/log/db9.log
pidfilepath=/home/mongodb/test/db9/db9.pid
directoryperdb=true
logappend=true
port=60001
fork=true
dbpath=/home/mongodb/test/db9/data
oplogSize=512
replSet=sha
shardsvr=true
[root@My-Dev db10]# more shard13.conf
logpath=/home/mongodb/test/db10/log/db10.log
pidfilepath=/home/mongodb/test/db10/db10.pid
```

```
directoryperdb=true
logappend=true
port=60002
fork=true
dbpath=/home/mongodb/test/db10/data
oplogSize=512
replSet=sha
shardsvr=true
```

配置 config 副本集。具体代码如例 4-23 所示。

【例 4-23】 配置 config 副本集。

```
> use admin
switched to db admin
> config = { _id:"config",members:[ {_id:0,host:"conf1:30000"}, {_id:1,host:"
conf2:30001"}, {_id:2,host:"conf3:30002"}] }
{
    "_id" : "config",
    "members" : [
        {
            "_id" : 0,
            "host" : "conf1:30000"
        },
        {
            "_id" : 1,
            "host" : "conf2:30001"
        },
        {
            "_id" : 2,
            "host" : "conf3:30002"
        }
    ]
}
> rs.initiate(config)
{ "ok" : 1 }
```

4.6.4 部署 Shard

配置了 Shard 配置文件后就可以部署启动 Shard。例 4-24 给出了 Shard1 的启动，Shard2 和 Shard3 与 Shard1 完全相同。

【例 4-24】 Shard1 的启动。

```
# ./mongod -f /home/mongodb/test/db8/shard11.conf
# ./mongod -f /home/mongodb/test/db9/shard12.conf
# ./mongod -f /home/mongodb/test/db10/shard13.conf
```

配置 Shard 副本集集群具体代码如例 4-25 所示。

【例 4-25】　配置 Shard 副本集集群。

```
> use admin
switched to db admin
> sha = { _id:"sha",members:[ {_id:0,host:"sha1:60000"}, {_id:1,host:"sha2:
60001"}, {_id:2,host:"sha3:60002"}]}
{
    "_id" : "sha",
    "members" : [
        {
            "_id" : 0,
            "host" : "sha1:60000"
        },
        {
            "_id" : 1,
            "host" : "sha2:60001"
        },
        {
            "_id" : 2,
            "host" : "sha3:60002"
        }
    ]
}
> rs.initiate(sha)
{ "ok" : 1 }
```

4.6.5　部署 Mongos

添加了 Mongos 的配置文件后就可以启动 Mongos 了。启动指令如例 4-26 所示。

【例 4-26】　启动 Mongos。

```
[root@localhost bin]# ./mongos -f /home/mongodb/test/db4/mongos.conf
about to fork child process, waiting until server is ready for connections.
forked process: 6268
child process started successfully, parent exiting
```

4.6.6　启用分片

登录 Mongos 配置分片，向分区集群中添加分片服务器和副本集。具体代码如例 4-27 所示。

【例 4-27】　登录 Mongos 配置分片，向分区集群中添加分片服务器和副本集。

```
[root@localhost bin]# ./mongo mongos:40004
```

```
mongos> sh.status()
--- Sharding Status ---
  sharding version: {
    "_id" : 1,
    "minCompatibleVersion" : 5,
    "currentVersion" : 6,
    "clusterId" : ObjectId("589b0cff36b0915841e2a0a2")
}
  shards:
  active mongoses:
    "3.4.1" : 1
autosplit:
  Currently enabled: yes
  balancer:
  Currently enabled:  yes
  Currently running:  no
      Balancer lock taken at Wed Feb 08 2017 20:20:16 GMT+0800 (CST) by
ConfigServer:Balancer
    Failed balancer rounds in last 5 attempts:  0
    Migration Results for the last 24 hours:
        No recent migrations
  databases:
```

添加 Shard 副本集。首先要登录到 Shard 副本集中查看哪个是主结点。默认第一个添加的 Shard 就是主 Shard,存放没有被分割的 Shard 就是主 Shard 在创建分片时,必须是在索引中创建的,如果这个集合中有数据,则首先应自己创建索引,然后进行分片,如果分片集合中没有数据,就不需要创建索引,可以直接分片。本例使用了两个 Shard 副本集。具体代码如例 4-28 所示。

【例 4-28】 添加 Shard 副本集。

```
mongos> sh.addShard("shard/shard1:50000")
{ "shardAdded" : "shard", "ok" : 1 }


mongos> sh.addShard("sha/sha:60000")
{ "shardAdded" : "shard", "ok" : 1 }


mongos> sh.status()    #查看分片集群已经成功把 Shard 加入分片中
--- Sharding Status ---
  sharding version: {
    "_id" : 1,
    "minCompatibleVersion" : 5,
    "currentVersion" : 6,
    "clusterId" : ObjectId("589b0cff36b0915841e2a0a2")
```

```
  }
    shards:
      { "_id" : "sha",  "host" : "sha/sha1:60000,sha2:60001,sha3:60002",
"state" : 1 }
      { "_id" : "shard",  "host" : "shard/shard1:50000,shard2:50001,shard3:
50002", "state" : 1 }
    active mongoses:
      "3.4.1" : 1
  autosplit:
    Currently enabled: yes
  balancer:
    Currently enabled:  yes
    Currently running:  no
        Balancer lock taken at Wed Feb 08 2017 20:20:16 GMT+0800 (CST) by
ConfigServer:Balancer
    Failed balancer rounds in last 5 attempts:  5
    Last reported error:  Cannot accept sharding commands if not started with -
-shardsvr
    Time of Reported error:  Thu Feb 09 2017 17:42:21 GMT+0800 (CST)
    Migration Results for the last 24 hours:
        No recent migrations
  databases:
```

指定哪个数据库使用分片，创建片键。具体代码如例 4-29 所示，其中，mongodb 为指定数据库的名称，name 和 age 为升序的片键。

【例 4-29】　指定 mongodb 数据库使用分片创建片键。

```
mongos> sh.enableSharding("mongodb")
{ "ok" : 1 }
mongos> sh.shardCollection("mongodb.call",{name:1,age:1})
{ "collectionsharded" : "zhao.call", "ok" : 1 }
```

4.7　分片的基本操作

使用 db.runCommand() 方法添加分片结点，每个分片都是一个副本集。例 4-30 展示了一个分片的添加。首先要选择使用的集合，然后使用 db.runCommand() 方法，添加分片和其详细信息，其中，maxSize 划分了不同分片的大小。

【例 4-30】　一个分片的添加。

```
use admin
db.runCommand({ addshard : "localhost:9337" , allowLocal : true, "maxSize" :
20000 })
```

db.runCommand()中的 removeshard 字段可以删除所选分片。如果删除的是主结点,则还需要先执行 moveprimary 删除主结点,删除后还需要再次执行 removeshard 才能将结点彻底删除。

db.runCommand()中的 enablesharding 字段和 shardcollection 字段分别设置需要分片的数据库和集合。例 4-31 设置了 mongodb 数据库需要的分片,而 users 集合使用 name 字段作为 key 来分片。

【例 4-31】 设置分片。

```
db.runCommand({ enablesharding : "mongodb" })
db.runCommand({ shardcollection : "mongodb.users" , key : { name : 1 }})
```

第 **5** 章

MongoDB GridFS

MongoDB 的文档以 BSON 格式存储,支持二进制数据类型,所以可以把文件的二进制格式的数据直接保存到 MongoDB 的文档中。这是考虑数据的最自然方法,比传统的行/列模型更具表现力和功能。但是 MongoDB 数据库中每个文档的长度是有限制的,而一般上传的图片、视频等文件又比较大,针对这种情况,MongoDB 提供了一种处理大文件的规范——GridFS(Grid File System)。

GridFS 用于存储和检索 MongoDB 中的大文件,它是文件存储的一种方式,特殊的是它存储在 MongoDB 的集合中。本章对 MongoDB 数据库中 GridFS 进行了介绍,并描述了如何应用 Java 和 Python 使用 GridFS。

5.1 GridFS 概述

5.1.1 GridFS 概念

GridFS 是 Mongo 的一个子模块,在 MongoDB 中用来存储和检索那些超过 16MB(BSON 文件限制)的文件(如图片、音频、视频等)。它是文件存储的一种方式,特殊的是它存储在 MongoDB 的集合中。

GridFS 可以更好地存储大于 16MB 的文件,它不会将文件存储在单个文档中,而是将大文件对象分割成多个小的块,每个块将作为 MongoDB 的一个文档被存储在文件片段集合中。类似地,不大于块大小的文件仅使用所需的空间以及一些其他元数据。每个文件的实际内容被存在文件片段中,和文件有关的 Meta 数据(filename,content_type,还有用户自定义的属性)将会被存在 Files 集合中。

当从 GridFS 中获取文件时,MongoDB 的驱动程序负责将多个块组装成完整文件。开发人员可以通过 GridFS 进行范围查询,可以访问文件的任意部分(如跳到视频文件或者音频文件的任意位置)。

要注意的是,GridFS 不是 MongoDB 自身的特性,它只是一种将大型文件存储在 MongoDB 的文件规范,所有官方支持的驱动均实现了 GridFS 规范。GridFS 制定大文件在数据库中如何处理,通过开发语言驱动来完成、通过 API 来存储检索大文件。

5.1.2　GridFS 应用场景

GridFS 通常在如下几种场景中应用。

(1) 如果当前文件系统限制目录下文件的数量,可以使用 GridFS 在目录下存储任意多的文件。

(2) 如果需要访问大数据文件,但并不想将整个文件全部加载到内存中,可以使用分段访问代替一次加载。也就是使用 GridFS 存储文件,并读取文件部分信息。

(3) 如果希望在多个系统之间实现文件和元数据的同步,可以使用 GridFS 实现分布式文件存储。

5.2　GridFS 存储原理

5.2.1　GridFS 存储结构

GridFS 将要存储的文件分成若干块,每一块作为一个单独的文档来存储,每块默认大小为 256KB。

MongoDB 中集合的命名包括数据库名称和集合名称。在命名过程中会像如下方式将数据库名和集合名通过"."分隔开。

```
<Database>.<Collenction>
```

GridFS 存储文件的集合也使用了这种命名方式。

MongoDB 的 GridFS 使用两个集合来存储一个文件: fs.files 与 fs.chunks。fs.files 集合用于存储上传到数据库的文档的信息,也就是文件的元数据。fs.chunks 集合用于存储上传文件的内容的二进制数据。一个块就相当于一个文档(较大文件会被拆分成多个有序的块存储)。

fs.files 存放的文件信息如例 5-1 所示。

【例 5-1】　fs.files 存放的文件信息。

```
{
  "filename": "test.txt",
  "chunkSize": NumberInt(261120),
  "uploadDate": ISODate("2014-04-13T11:32:33.557Z"),
  "md5": "7b762939321e146569b07f72c62cca4f",
  "length": NumberInt(646)
}
```

在例 5-1 中 _id 是唯一标识，length 是文件总长度，chunkSize 是块的大小，uploadDate 是时间戳。md5 是文件内容的 MD5 校验和，其值由服务器端生成，用于计算上传块的 MD5 校验和，用户可以校验 MD5 的值确保文件正确上传。contentType 是文件类型，还可以添加其他键来标识这个文件，如上传者的信息。

fs.chunks 存放文件的数据如例 5-2 所示。

【例 5-2】 fs.chunks 存放文件的数据。

```
{
    "files_id": ObjectId("534a75d19f54bfec8a2fe44b"),
    "n": NumberInt(0),
    "data": "Mongo Binary Data"
}
```

在例 5-2 中 _id 是唯一标识，files_id 是文件集合中的 _id，n 指文件的第 n 个块，data 是文件的二进制数据。

5.2.2 GridFS 存储过程

MongoDB 使用 GridFS 存储文件时，会先将文件按照块的大小分为多块，最终将块的信息存储在 fs.chunks 集合的多个文档中，将文件信息存储在 fs.files 集合的唯一一个文档中。要注意的是，这之中 fs.chunks 集合中文档的 file_id 字段对应 fs.files 集合中的 _id 字段。文档存储过程如图 5-1 所示。

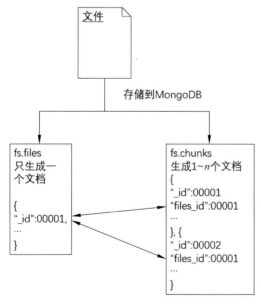

图 5-1 GridFS 存储过程

5.3 GridFS 基本操作

5.3.1 使用 Shell 操作 MongoDB GridFS

MongoDB 提供 mongofiles 工具,可以使用命令行来操作 GridFS。其实有 5 个主要命令,分别为: put(存储命令),get(获取命令),list(列表命令),find(查找命令)和 delete(删除命令)。这些命令都是按照 filename 操作 GridFS 中存储的文件的。

1. 存储数据

上传文件时,如果文件大于块的大小,则把文件分割成多个块,再把这些块保存到 fs.chunks 中,最后再把文件信息存到 fs.files 中。如果使用 GridFS 的 put 命令来存储 MP3 文件,调用 MongoDB 安装目录下 bin 的 mongofiles.exe 工具。打开命令提示符,进入到 MongoDB 的安装目录的 bin 目录中,找到 mongofiles.exe,并输入例 5-3 的代码。

【例 5-3】 使用 GridFS 的 put 命令来存储 MP3 文件的指令。

```
>mongofiles -d gridfs put song.mp3
```

在例 5-3 中,-d gridfs 指定存储文件的数据库名称,如果不存在该数据库,MongoDB 会自动创建。song.mp3 是音频文件名。

需要注意的是,GridFS 不会自动处理 MD5 值相同的文件。也就是说,如果对同一个文件进行两次 put 操作,那么 GridFS 在存储过程中将会使其对应两个不同的存储,这在数据存储过程中是一种严重的浪费。所以想要存储 MD5 值相同的文件,可以提前通过 API 进行扩展处理之后存储到 GridFS 当中。

2. 获取数据

下载文件使用 get 方法。具体指令如例 5-4 所示。

【例 5-4】 使用 get 方法下载文件。

```
mongofiles -d gridfs -l "下载到的位置" get song.mp3
```

3. 查看数据

同时可以使用 list 查看文件列表,使用 search 查找文件,或是使用 delete 删除文件。代码如例 5-5 所示。其中,-d 指定数据库实例,-l[--local]表示上传/下载时的本地文件名,默认与 GridFS 上的文件名一致。

【例 5-5】 使用 list 查看文件列表,使用 search 查找文件,或者使用 delete 删除文件。

```
mongofiles -d gridfs list
mongofiles -d gridfs search song.mp3
mongofiles -d gridfs delete song.mp3
```

读取文件时,先根据查询的条件,在 fs.files 中找到对应的文档,得到_id 的值,再根据这个值到 fs.chunks 中查找所有 files_id 为_id 的块,并按 n 排序,最后依次读取块中 data 对象的内容,还原成原来的文件。

4. 查找数据

GridFS 在上传文件过程中是先把文件数据保存到 fs.chunks,最后再把文件信息保存到 fs.files 中,所以如果在上传文件过程中失败,有可能在 fs.chunks 中出现垃圾数据。这些垃圾数据可以定期清理掉。使用"db.fs.files.find()"命令来查看数据库中文件的文档。

可以看到 fs.chunks 集合中所有的区块,如果得到了文件的_id 值,就可以根据这个_id 获取块数据,如例 5-6 所示。

【例 5-6】　根据这个_id 获取块数据。

```
>db.fs.chunks.find({files_id:ObjectId(_id)})
```

5. 删除数据

MongoDB 不会自动释放已经占用的硬盘空间,即使删除数据库中的集合也无法将占用的磁盘空间释放,这就需要开发人员手动释放磁盘空间。常用的释放磁盘空间的方式有两种。

1) 修复数据库以回收磁盘空间

通过修复数据库来回收磁盘空间,即在 Mongo Shell 中运行"db.repairDatabase()"命令或者"db.runCommand({ repairDatabase:1 })"命令。通过修复数据库方法回收磁盘时需要注意,待修复磁盘的剩余空间必须大于等于存储数据集占用空间加上 2GB,否则无法完成修复。因此使用 GridFS 大量存储文件必须提前考虑设计磁盘回收方案,以解决 MongoDB 磁盘回收问题。

2) dump&restore 方式

使用 dump&restore 方式也就是先删除 MongoDB 数据库中需要清除的数据,然后使用 Mongo Dump 备份数据库。备份完成后,删除 MongoDB 的数据库,使用 Mongo Restore 工具恢复备份数据到数据库。当使用"db.repairDatabase()"命令没有足够的磁盘剩余空间时,可以采用 dump&restore 方式回收磁盘资源。如果 MongoDB 是副本集模式,dump&restore 方式可以做到对外持续服务,在不影响 MongoDB 正常使用下回收磁盘资源。MongoDB 使用副本集,实践使用 dump&restore 方式回收磁盘资源,70GB 的数据在 2h 之内完成数据清理及磁盘回收,并且整个过程不影响 MongoDB 对外服务,同时可以保证处理过程中数据库增量数据的完整。

5.3.2　使用 Java 操作 MongoDB GridFS

使用 Java 操作 MongoDB GridFS 与操作 MongoDB 相近。以下代码展示了 Java 对 MongoDB GridFS 进行增删改查的操作。在使用 Java 操作 MongoDB GridFS 之前,首先

要建立连接,确定端口和数据库。其中,localhost 和 27017 分别表示 IP 和端口号,MongoDB 指数据库名称。在建立连接后,良好的习惯是通过异常测试确保后文的操作只在连接正常的情况下进行。建立 Mongo 连接如例 5-7 所示。

【例 5-7】 建立连接,确定端口和数据库。

```java
private static Mongo mg = null;
private static DB db = null;
private static GridFS myFS = null;

public MongoTest(String ip, int port, String dbName){
    try {
        mg = new Mongo(ip, port);
        db = mg.getDB(dbName);
        myFS = new GridFS(db);
    } catch (Exception e) {
        e.printStackTrace();
    }
}

public static void main(String[] args) {
    MongoTest mongodb = new MongoTest("localhost", 27017, "mongodb");
}
```

1. 查询数据

成功连接到数据库后,可以使用 getFileList() 方法查看数据库中现有的文件集合。使用 Java 语句查看 MongoDB 数据库中的文件集合的方式如例 5-8 所示。

【例 5-8】 查看数据库中的文件集合。

```java
public void queryGridFS() {
    DBCursor cursor = myFS.getFileList();
    While(cursor.hasNext()){
        System.out.println(cursor.next());
    }
}

public static void main(String[] args) {
    MongoTest mongodb = new MongoTest("localhost", 27017, "mongodb");
    mongodb.queryGridFS();
}
```

例 5-8 中的 queryGridFS() 方法用于查看 GridFS 中存储的数据,在方法中使用 getFileList() 接口找到数据列表,并将文件逐条打印。之后的 main() 方法中通过建立连接后使用该方法获取查看数据方法的结果。

2. 存储数据

要想使用 Java 存储数据到 GridFS,可以使用 save()方法。例 5-9 展示了使用 save()方法存储数据的流程。

【例 5-9】　存储数据。

```
private static String oid=null;

public void saveGridFS(String localPath){
    try{
        File f = new File(localPath);
        GridFSInputFile inputFile = myFS.createFile(f);
        inputFile.save();
        oid = inputFile.getId().toString();
        System.out.println("Save Success");
    } catch {
        e.printStackTrace();
    }
}

public static void main(String[] args) {
    MongoTest mongodb = new MongoTest("localhost", 27017, "mongodb");
    mongodb.saveGridFS("C://Users//abc//Desktop//test.png");
}
```

在例 5-9 的 saveGridFS()方法中,首先输入数据存放的本地位置,之后使用 save()方法存储输入的数据,最后使用 getId()方法将该数据存储在 GridFS 中的 id,将这个 id 存储到 oid 变量中,供之后查找数据使用。

3. 查找数据

可以使用之前保存的 id,通过 findOne()方法查找数据库中的对应数据。查找数据的方法如例 5-10 所示。

【例 5-10】　查找数据。

```
public void findGridFS(String oid){
        GridFSDBFile inputFile = myFS.findOne(new BasicDBObject("_id", new
ObjectID(oid)));
}
```

从 GridFS 中读取的数据可以直接存储到本地,也可以存储到其他主机上。具体代码如例 5-11 所示。

【例 5-11】 将数据存储到本地。

```
public void readGridFS2Local(String oid, String localPath) {
    try {
        GridFSDBFile inputFile = myFS.findOne(new BasicDBObject("_id", new
ObjectID(oid)));
        inputFile.writeTo(localPath);
        System.out.println("Save Success");
    } catch (Expection e) {
        e.printStackTrace();
    }
}
```

例 5-11 的 readGridFS2Local()方法的功能是读取 GridFS 中的数据并将其存入本地数据库,方法的参数包括 oid(要读取数据的 id)和 localPath(存储到本地的路径)。在方法体中,通过 try…catch 确保创建和写入过程出现的异常可以被及时发现,之后使用 findOne()方法找到对应的数据,将数据存储在变量 inputFile 中后使用 writeTo()方法将数据存储到本地对应的路径中。

例 5-12 的 readGridFS2Client()方法将数据存储到其他主机。

【例 5-12】 将数据存储到其他主机。

```
public void readGridFS2Client(String oid, String ip, int port, String username,
String passwd) {
    try {
        GridFSDBFile inputFile = myFS.findOne(new BasicDBObject("_id", new
ObjectID(oid)));
        InputStream inputStream = inputFile.getInputStream();
        FTPClient fc = new FTPClient();
        fc.connect(ip, port);
        fc.login(username, passwd);
        fc.setBufferSize(1024);
        fc.setFileType(FTP.BINARY_FILE_TYPE);
        fc.enterLocalPassiveMode();
        inputStream.close();
        fc.logout();
        fc.disconnect();
        System.out.println("Save Success");
    } catch (Expection e) {
        e.printStackTrace();
    }
}
```

将数据存储到其他主机的 readGridFS2Client()方法中首先使用 findOne()方法查找

指定数据并存储在变量 inputFile 中,之后新建一个 FTPClient()类型的变量用于存储另一个数据库的信息,分别使用 connect()和 login()接口连接另一个数据库后,将数据存入该数据库,之后退出远程主机,断开与另一客户端的连接,整个存储过程完成。

在 main 方法中测试例 5-11 和例 5-12 的方法如例 5-13 所示。

【例 5-13】 测试类。

```
public static void main(String[] args) {
    MongoTest mongodb = new MongoTest("localhost", 27017, "mongodb");
    mongodb.readGridFS2Local(oid, "C://Users//abc//Desktop//test1.png");
    mongodb.readGridFS2Client(oid, ip, port, username, passwd);
}
```

main 函数中首先建立连接,之后分别向 readGridFS2Local()方法和 readGridFS2Client()方法中传入对应的参数,查看使用 Java 读 GridFS 的数据保存到指定位置的效果。

4. 删除数据

删除 GridFS 中的数据也需要先找到所需删除的文件,之后使用 oid 使用 remove()方法。具体代码如例 5-14 所示。

【例 5-14】 删除数据。

```
public void removeGridFS(String oid) {
    myFS.remove(new BasicDBObject("_id", new ObjectId(oid)));
    System.out.println("Remove Success");
}

public static void main(String[] args) {
    MongoTest mongodb = new MongoTest("localhost", 27017, "mongodb");
    mongodb.queryGridFS();
    mongodb.removeGridFS(oid);
    mongodb.queryGridFS();
}
```

例 5-14 的 removeGridFS()方法传入一个 oid 参数作为文件 id。函数体使用 remove()方法删除对应 id 的数据,之后显示删除成功。

最后,即可使用 close()语句关闭数据库连接。具体代码如例 5-15 所示。

【例 5-15】 关闭 MongoDB 数据库。

```
mg.close();
```

5.3.3 使用 Python 操作 MongoDB GridFS

类似 Java 中的操作,使用 Python 也可以对 MongoDB GridFS 进行一系列操作。下列代码很好地展示了 Python 对 MongoDB GridFS 进行增删改查的操作。

例 5-16 的代码建立连接，确定端口和数据库。

【**例 5-16**】 建立连接并确定端口和数据库。

```
UploadCache = "uploadcache"
dbURL = "mongodb://192.168.20.120:27010"
```

1. 上传文件

例 5-17 是一个使用 Python 上传文件到 MongoDB GridFS 的函数。

【**例 5-17**】 upLoadFile()方法。

```
def upLoadFile(self, file_coll, file_name, data_link):
    client = pymongo.MongoClient(self.dbURL)
    db = client["xddq_device_maintenance"]
    filter_condition = {"filename": file_name, "url": data_link, 'version':2}
    gridfs_col = GridFS(db, collection=file_coll)
    file_ = "0"
    query = {"filename": ""}
    query["filename"] = file_name

    if gridfs_col.exists(query):
        print('文件已经存在')
    else:
        with open(file_name, 'rb') as file_r:
            file_data = file_r.read()
            file_ = gridfs_col.put(data=file_data, **filter_condition)
            print(file_)

    return file_
```

在例 5-17 的 upLoadFile()方法的参数中，file_coll 是集合名；file_name 是文件名，属于自定义属性字段；data_link 是文件链接，也属于自定义属性字段。

在方法中首先定义变量存储数据库和待读入数据，之后通过判断文件是否存在限制只读入存在的文件。存入文件使用 put()方法。当文件已经在数据库中时，方法会返回提醒"文件已经存在"，否则返回 files_id，也就是上传的文件存储后其对应的 id。

2. 下载文件

接下来是下载文件。下载文件可以选择按照不同的方式下载，如例 5-18 按照文件名下载的 downLoadFile()方法。

【**例 5-18**】 downLoadFile()方法。

```
def downLoadFile(self, file_coll, file_name, out_name, ver=-1):
```

```
        client = pymongo.MongoClient(self.dbURL)
        db = client["xddq_device_maintenance"]
        gridfs_col = GridFS(db, collection=file_coll)
        file_data = gridfs_col.get_version(filename=file_name, version=ver).
read()
        with open(out_name, 'wb') as file_w:
            file_w.write(file_data)
```

在例 5-18 的 downLoadFile()方法中,首先传入四个参数,其中,file_coll 表示集合名称,file_name 是指文件名称,out_name 指的是下载下来文件的名称,而 ver 表示版本号(默认版本号-1 表示最近一次的记录)。在定义变量存储数据库后,使用 get_version()方法查找对应名称的文件数据,之后使用 write()方法将数据写出。

例 5-19 是另一种获取文件的方式——按照文件 ID 获取文件。

【例 5-19】 downLoadFilebyID()方法。

```
def downLoadFilebyID(self, file_coll, _id, out_name):
    client = pymongo.MongoClient(self.dbURL)
    db = client["xddq_device_maintenance"]
    gridfs_col = GridFS(db, collection=file_coll)
    O_Id = ObjectId(_id)
    gf = gridfs_col.get(file_id=O_Id)
    file_data = gf.read()
    with open(out_name, 'wb') as file_w:
        file_w.write(file_data)

    return gf.filename
```

downLoadFilebyID()方法传入三个参数,file_coll 表示集合名称;_id 表示文件 id,也就是 fiels_id;out_name 也就是下载后文件的名称。该方法首先定义变量 O_Id 存储文件 id,之后使用 get()方法找到对应的文件数据,最后使用 write 方法写出数据并返回。

第 **6** 章

列族数据库与HBase

HBase 是 NoSQL 数据库中列族数据库的一种,面向半结构化数据的存储和处理,低写入/查询延迟的系统,它是高可靠、高性能的、列式存储的、可伸缩的分布式系统。在读写上是基于行(row)的强一致性访问,并且存储依赖于 HDFS,扩展性强,表可以有上亿行、百万列。

HBase 的功能包括内存计算、压缩存储、布隆过滤等,除了这些功能之外,它还为 Hadoop 添加了事务处理功能,具有 CRUD 的功能。HBase 给实时数据处理提供了基础能力。HBase 具有以下特性。

(1)线性和模块化可扩展性。

(2)高度容错的存储空间,用于存储大量稀疏数据。

(3)高度灵活的数据模型。

(4)自动分片:允许 HBase 表通过 Regions 分布在设备集群上。随着数据的增长,Regions 将进一步分裂并重新分配。

(5)易于使用,可使用 Java API 访问。

(6)HBase 支持 Hadoop 和 HDFS。

(7)HBase 支持通过 MapReduce 进行并行处理。

(8)几乎实时的查询。

(9)自动故障转移,可实现高可用性。

(10)为了进行大量查询优化,HBase 提供了对块缓存和 Bloom 过滤器的支持。

(11)过滤器和协处理器允许大量的服务器端处理。

(12)HBase 允许在整个数据中心进行大规模复制。

HBase 从诞生到现在一直是大数据领域使用最多的技术之一,尽管在大数据其他方向的技术在不断迭代,HBase 几乎都没有太多的新理念,掌握其思想十分重要。

本章通过对 HBase 数据库及其使用的介绍向读者介绍了列族数据库的使用方法和适用范畴。

6.1 HBase 简介

6.1.1 HBase 的发展

HBase 最初起源于 2006 年 Google 三大论文中的《BigTable：一个结构化数据的分布式存储系统》。2007 年 Powerset 的项目上最早应用 HBase，2008 年成为 Hadoop 的一个子项目，放于 contrib 目录下，目前已经是 Apache 的顶级项目。

作为对比，关系数据库管理系统(RDBMS)早在 20 世纪 70 年代就已经存在。它们帮助太多的公司和组织实施了以数据为中心的解决方案来解决给定的问题。这些关系数据库如今在各种环境和业务中同样有用。在一些业务场景下，关系模型提供了完美的解决方案，但是还有一些无法用该模型解决的问题。在关系数据库无法满足的领域，HBase发挥了其优势。截至笔者编写本书时，HBase 的最新版本为 2.4.1，具体信息可以参考官网 https://HBase.apache.org/index.html。

6.1.2 与关系数据库的比较

HBase 和关系数据库(RDBMS)的差别主要体现在分布式系统和单机系统的区别上。单机系统在高并发上是有瓶颈的，而分布式系统是可扩展的；一般关系数据库处理的数据量最大在 TB 级，而 HBase 可以处理 PB 级数据；在读写吞吐上 HBase 可以上百万，而关系数据库一般在 1000 左右。另外，关系型和 HBase 还有以下区别：关系数据库物理存储为行式存储，而 HBase 为列式存储；关系数据库支持多行事务，而 HBase 只支持单行事务性；关系数据库支持 SQL，而 HBase 不支持 SQL，只支持 get、put、scan 等原子性操作（这让 HBase 在数据分析能力上表现较弱，为了弥补这一不足，Apache 又开源了Phonix，让 HBase 具有标准 SQL 语义下的 SQL 查询能力）。总的来说，如果要存储的数据量大，而且对高并发有要求，常用的关系数据库满足不了，这时候就可以考虑使用HBase 了。具体比较见表 6-1。

表 6-1 关系数据库和 HBase 对比

特 性	RDBMS	HBase
数据组织形式	行式存储	列式存储
事务性	多行事务	单行事务
查询语音	SQL	get/put/scan/等
安全性	强授权	无特定安全机制
索引	特定的属性列	仅行键
最大数据量	TB 级	PB 级
读写吞吐	1000	100 万

6.2 HBase 的组件和功能

HBase 的组件如图 6-1 所示。

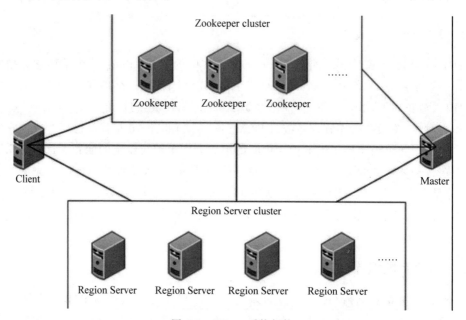

图 6-1　HBase 系统架构

6.2.1 Client

包含访问 HBase 的接口，Client 维护着一些 Cache 来加快对 HBase 的访问，如 Region 的位置信息。

6.2.2 Zookeeper

保证任何时候，集群中只有一个 Master，存储所有 Region 的寻址入口；实时监控 Region Server 的状态，将 Region Server 的上线和下线信息实时通知给 Master；存储 HBase 的 schema，包括有哪些 table，每个 table 有哪些 column family。

6.2.3 Master

为 Region Server 分配 Region；负责 Region Server 的负载均衡；发现失效的 Region Server 并重新分配其上的 Region；HDFS 上的垃圾文件回收，处理 Schema 更新请求。

6.2.4 Region Server

Region Server 维护 Master 分配给它的 Region，处理对这些 Region 的 IO 请求。 Region Server 负责切分在运行过程中变得过大的 Region。

6.2.5 HBase 的安装与配置

HBase 的部署与安装配置在很多教程和资料上都有，这里不做太过详尽的描述，还是再说明一下，本书主要重点放在如何运用大数据领域的各个组件和工具，安装部署偏运维岗了，这里只列出一些重点步骤和需要注意的地方，读者可以参照本身内容结合官网和资料去完成部署。

HBase 的架构也是基于主从模式的，在主结点运行 HMaster 服务，而在从结点运行 HRegionServer 服务。HMaster 作为一个管理结点，主要实现对 Region Server 的监控、处理 Region Server 故障转移、处理元数据的变更、处理 Region 的分配或转移、在空闲时间进行数据的负载均衡、通过 Zookeeper 发布自己的位置给客户端等功能。而 HRegionServer 负责 table 数据的实际读写，管理 Region。在 HBase 分布式集群中，HRegionServer 一般跟 DataNode 在同一个结点上，目的是实现数据的本地性，提高读写效率。

HBase 依赖于 HDFS 用于存储数据，所以在部署 HBase 时，需要 Hadoop 环境。下面就介绍下如何将 HBase 整合到 Hadoop 集群中。

首先，安装 HBase 时，要考虑选择正确的 Hadoop 版本，否则可能出现不兼容的情况。一般情况下，需要根据 Hadoop 版本来决定要使用的 HBase 版本，具体版本匹配信息可单击 HBase 官网链接查看。从左侧的 BasicPrerequisites 中可找到 HBase 与 JDK、Hadoop 的匹配关系，如图 6-2 所示。

HBase Version	JDK 7	JDK 8	JDK 9 (Non-LTS)	JDK 10 (Non-LTS)	JDK 11
2.1+	✗	✔	① HBASE-20264	① HBASE-20264	① HBASE-21110
1.3+	✔	✔	① HBASE-20264	① HBASE-20264	① HBASE-21110

图 6-2 HBase 与 JDK 匹配关系

其中，图标为 x 表示不支持；图标为！表示未测试；图标为√表示支持。从图中可以看出，HBase 1.3 以后的版本支持 JDK 7 和 JDK 8，而 HBase 2.1 以后的版本仅支持 JDK 8，而 JDK 9/10/11 目前还没有进行测试，所以这里选择 JDK 8 版本。

下面再看一下 Hadoop 和 HBase 的对应关系，如图 6-3 所示。

从图 6-3 中可以看出，Hadoop 3.1.1 以后的版本可以支持 HBase 2.1.x、HBase 2.2.x 和 HBase 2.3.x。这里仍然采用 Hadoop 3.2.1 版本，而 HBase 采用 HBase 2.2.5，这两个版本之间是兼容的。

HBase 的安装需要依赖 Hadoop 环境（主要是 HDFS 分布式文件系统），这一点跟 Spark 类似。因此，需要先安装好 Hadoop 集群。可以将 HDFS 和 HBase 集群部署在一起，也可以分开部署，考虑到性能问题，一般建议将 HDFS 和 HBase 集群服务部署在一起，而 NodeManager 服务不建议和 HBase 的 Region Server 服务放在一起，因为这两个

Hadoop-2.8.[3-4]	❶	❶	✗	✓	✗	✗
Hadoop-2.8.5+	❶	❶	✓	✓	✓	✗
Hadoop-2.9.[0-1]	✗	✗	✗	✗	✗	✗
Hadoop-2.9.2+	❶	❶	✓	❶	✓	✗
Hadoop-2.10.0	❶	❶	✓	❶	❶	✓
Hadoop-3.0.[0-2]	✗	✗	✗	✗	✗	✗
Hadoop-3.0.3+	✗	✗	✓	✗	✗	✗
Hadoop-3.1.0	✗	✗	✗	✗	✗	✗
Hadoop-3.1.1+	✗	✗	✓	✓	✓	✓

图 6-3　HBase 与 Hadoop 对应关系

服务可能出现争抢资源的问题。

可以单击 HBase 官网下载 HBase 程序，HBase 也提供了源码包和二进制包两种形式。HBase 下载完成后，直接解压就完成安装了。

有需要看源码的也可以下载源码，解压后手动编译，需要经历如下几个步骤。

（1）下载并安装 mvn。

（2）tar-xzvf HBase--src.tar.gz；cd HBase-。

（3）修改 pom 中＜hadoop-two.version＞中 Hadoop 版本为当前 HBase 依赖的 HDFS 版本。

（4）执行 mvn-DskipTests package assembly：single install。

（5）在./HBase-assembly/target/下有 HBase--bin.tar.gz。

HBase 的部署过程，需要对系统进程基础优化、安装 JDK、Zookeeper、关闭防火墙等基础操作，这些和部署 Hadoop 集群一样，这里略去详细过程。

在每个集群结点添加 HBase 环境变量如例 6-1 所示。在 HBase 集群的每个结点上修改 Hadoop 用户下的.bash_profile 文件，添加 HBase 环境变量。

【例 6-1】　添加 HBase 环境变量。

```
exportHBASE_HOME=/opt/bigdata/HBase/current
exportHBASE_CONF_DIR=/etc/HBase/conf
export PATH=$PATH:$HBASE_HOME/bin
```

注意，此文件中之前的 Hadoop 环境变量信息一定要保留，因为 HBase 也会去读取 Hadoop 的环境变量内容。这里将 HBase 的配置文件路径设置为/etc/HBase/conf，一会儿要创建这个路径。

最后，执行"source/home/hadoop/.bash_profile"命令使其生效。

配置 HBase 集群 HBase 可以运行在单机模式下，也可以运行在集群模式下。单机模式主要用来进行功能测试,不能用于生产环境,因此,这里部署的是 HBase 集群模式。

　　HBase 的配置文件默认位于 HBase 安装目录下的 conf 子目录中,将这个 conf 目录复制一份到/etc/HBase 目录中,当然要事先创建好/etc/HBase 目录。接着,需要修改三个配置文件,分别是 HBase-env.sh、HBase-site.xml 及 Regionservers 文件,同时还要新增两个文件,即 HDFS 的 hdfs-site.xml 及 backup-masters 文件。

　　首先修改 HBase-env.sh 文件,此文件用来设置 HBase 的一些 Java 环境变量信息,以及 JVM 内存信息,在此文件中添加如例 6-2 所示。

【例 6-2】　HBase-env.sh 文件。

```
export HBASE_MASTER_OPTS="$HBASE_MASTER_OPTS -Xmx8g
-XX:ReservedCodeCacheSize=256m"
export HBASE_REGIONSERVER_OPTS="$HBASE_REGIONSERVER_OPTS -Xmx20g
-Xms20g -Xmn256m -XX:+UseParNewGC -XX:+UseConcMarkSweepGC
-XX:ReservedCodeCacheSize=256m"
HBASE_MANAGES_ZK=false
```

　　第一个是配置 HBaseMaster 的 JVM 内存大小,这个根据服务器物理内存大小和应用场景来定,比如这里配置为 8GB。

　　第二个是设置每个 RegionServer 进程的 JVM 内存大小,该内存尽量要设置大一些,如果是单独运行 Region Server 的服务器,可设置物理内存的 80% 左右。

　　第三个是设置跟 Zookeeper 相关的配置,如果 HBASEMANAGESZK 为 true,则表示由 HBase 自己管理 Zookeeper,不需要单独部署 Zookeeper。如果为 false,则表示不使用 HBase 自带的 Zookeeper,而使用独立部署的 Zookeeper。这里设置为 false,也就是独立部署 Zookeeper 集群,该 Zookeeper 集群仍然使用之前 Hadoop 集群使用的那个 Zookeeper 即可。

　　接着,修改 HBase-site.xml 文件,要添加的参数如例 6-3 所示。

【例 6-3】　HBase-site.xml 文件。

```
<configuration>
    <property>
        <name>Hbase.rootdir</name>
        <value>hdfs://bigdata/Hbase</value>
        <description>The directory shared by RegionServers.
        </description>
    </property>
    <property>
    <name>Hbase.cluster.distributed</name>
    <value>true</value>
    </property>
      <property>
        <name>Hbase.unsafe.stream.capability.enforce</name>
        <value>false</value>
```

```xml
  </property>
<property>
    <name>Hbase.Zookeeper.quorum</name>
    <value>slave001.cloud, slave002.cloud, hadoopgateway.cloud</value>
  </property>
<property>
<name>Hbase.client.scanner.caching</name>
<value>100</value>
</property>
<property>
<name>Hbase.Regionserver.global.memstore.upperLimit</name>
<value>0.3</value>
</property>
<property>
<name>Hbase.Regionserver.global.memstore.lowerLimit</name>
<value>0.25</value>
</property>
<property>
<name>hfile.block.cache.size</name>
<value>0.5</value>
</property>
  <property>
<name>Hbase.master.maxclockskew</name>
<value>180000</value>
<description>Time difference of Regionserver from master</description>
</property>
  <property>
<name>Hbase.client.scanner.timeout.period</name>
<value>300000</value>
<description>default is 60s</description>
  </property>
  <property>
<name>Zookeeper.session.timeout</name>
<value>1800000</value>
    <description>default is 90s</description>
  </property>
  <property>
<name>Hbase.rpc.timeout</name>
<value>300000</value>
<description>default is 60s</description>
  </property>
  <property>
<name>Hbase.hRegion.memstore.flush.size</name>
```

```
        <value>268435456</value>
    <description>default is 128M</description>
        </property>
        <property>
    <name>Hbase.hRegion.max.filesize</name>
    <value>6442450944</value>
        </property>
    <property>
    <name>Hbase.Regionserver.handler.count</name>
    <value>100</value>
    <description>default is 30</description>
        </property>
    </configuration>
```

对其中每个参数含义介绍如下。

(1) Hbase.rootdir：指定 Region Server 的共享目录，用来持久化 HBase，这个 URL 是 HDFS 上的一个路径。需特别注意的是，Hbase.rootdir 里面的 HDFS 地址要跟 Hadoop 的 core-site.xml 里面的 fs.defaultFS 参数设置 HDFS 的 IP 地址或者域名、端口必须一致。

(2) Hbase.cluster.distributed：用来设置 HBase 的运行模式，值为 false 表示单机模式，为 true 表示分布式模式。

(3) Hbase.unsafe.stream.capability.enforce：此参数是为了解决文件系统不支持 hsync 报错而造成启动失败的问题，究其原因，是因为二进制版本的 HBase 编译环境是 Hadoop 2.x，而 Hadoop 2.x 版本不支持 hsync。

(4) Hbase.Zookeeper.quorum：设置 Zookeeper 独立集群的地址列表，用逗号分隔每个 Zookeeper 结点，必须是奇数个。

(5) Hbase.client.scanner.caching：这是个优化参数，表示当调用 Scanner 的 next 方法，而当值又不在缓存里的时候，从服务端一次获取的行数。越大的值意味着 Scanner 会快一些，但是会占用更多的内存。

(6) Hbase.Regionserver.global.memstore.upperLimit：设置单个 Region Server 的全部 memstore 最大值。超过这个值，一个新的 update 操作会被挂起，强制执行 flush 操作。

(7) Hbase.Regionserver.global.memstore.lowerLimit：此参数跟上面这个参数相关联，表示强制执行 flush 操作的时候，当低于这里设置的值时，flush 就会停止，默认是堆大小的 35%。如果这个值和 Hbase.Regionserver.global.memstore.upperLimit 相同，则意味着当 update 操作因为内存限制被挂起时，会尽量少地执行 flush 操作。

(8) hfile.block.cache.size：表示分配给 HFile/StoreFile 的 blockcache 占最大堆 (-Xmxsetting) 的比例，默认是 20%，设置为 0 就是不分配。

(9) Hbase.master.maxclockskew：HBase 集群各个结点可能出现和 HBaseMaster 结点时间不一致，这会导致 Region Server 退出，通过设置此参数，可以增大各结点的时间容忍度，默认是 30s，此值不要太大，毕竟时间不一致是不正常现象，可将所有结点和内网时间服务器做同步，也可以和外网时间服务器进行同步。

（10）Hbase.client.scanner.timeout.period：该参数表示 HBase 客户端发起一次 scan 操作的 RPC 调用至得到响应之间总的超时时间。

（11）Zookeeper.session.timeout：设置 HBase 和 Zookeeper 的会话超时时间。HBase 把这个值传给 Zookeeper 集群，单位是 ms。

（12）Hbase.rpc.timeout：设置 RPC 的超时时间，默认为 60s。

（13）Hbase.hRegion.memstore.flush.size：设置 memstore 的大小，当 memstore 的大小超过这个值的时候，会 flush 到磁盘。

（14）Hbase.Regionserver.handler.count：此参数表示 Region Servers 受理的 RPC Server 实例数量。对于 Master 来说，这个属性是 Master 受理的 handler 数量，然后修改第三个文件 Regionservers，将 Regionservers 结点的主机名添加到此文件即可，一行一个主机名。

配置 HBase 要修改的文件就这三个，接下来还需要将 Hadoop 集群中 HDFS 的配置文件 hdfs-site.xml 软连接或者复制到/etc/Hbase/conf 目录下，因为 HBase 会读取 HDFS 配置信息。

最后，还需要新增一个配置文件 backup-masters，用来实现 HBase 集群的高可用，为了保证 HBase 集群的高可靠性，HBase 支持多 Backup Master 设置，当 Active Master 故障宕机后，Backup Master 可以自动接管整个 HBase 的集群。要实现这个功能，只需要在 HBase 配置文件目录下新增一个文件 backup-masters 即可，在此文件中添加要用作 Backup Master 的结点主机名，可以添加多个，一行一个。

接下来，启动与维护 HBase 集群所有配置完成后，将配置文件复制到 HBase 集群的所有结点上，然后就可以起到 HBase 集群服务了。下面讲解它的具体步骤。

启动 HMaster 服务执行启动 HMaster 服务的命令"/opt/bigdata/Hbase/current/bin/Hbase-daemon.shstart master"。

启动 HRegionServer 服务按照上面的规划，需要在 yarn、slave 结点启动 Regionserver 服务。执行启动 HRegionServer 服务的命令为"/opt/bigdata/Hbase/current/bin/Hbase-daemon.shstart Regionserver"。

服务启动后，会看到有个 HRegionServer 进程，表示 Regionserver 服务器的成功。

所有服务启动完成后，可以查看 HBase 的 Web 页面，访问 http://nnmaster.cloud: 16010，其中，16010 是 HMaster 的默认 Web 端口，如图 6-4 所示。

HBase 集群服务启动后，可以在 HBase Client 主机上进入 HBase 命令行，执行如例 6-4 所示的命令。

【例 6-4】 HBase 配置。

```
$cd /usr/local/Hbase
$bin/Hbase shell
Hbase(main):001:0> create 'test', 'cf' 0 row(s) in 1.2130 seconds
=> Hbase::Table - test Hbase(main):002:0> list 'test' TABLE
test
1 row(s) in 0.0180 seconds => ["test"]
```

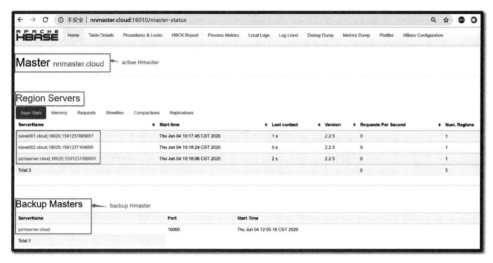

图 6-4   HBase 服务页面

如果一切顺利则可以如上返回正确结果。至此，HBase 就算全部配置完毕，但是如果读者不是运维岗可以不用太关注这部分内容，只要会安装配置好可以做实验学习即可。市面上或者网上关于如何配置 HBase 的教材很多，如果想深入这部分可以自行查找相关资料。对应大部分数据开发人员应该更关心 HBase 的数据模型、表如何设计、如何操作HBase，这就是接下来的内容。

6.3   HBase 的数据模型

HBase 是一个列式分布式数据库。分布式很好理解，即请求、存储不在一台机器上，而使用多台机器协调处理。但是要考虑一下如何做到分布式呢？那就需要先将全量的数据做拆分，然后把这些数据分别放到不同的机器上。那么该如何对数据进行拆分呢？如图 6-5 所示。

可以把数据横向（按行）切分，多行数据组成一个数据分片，这里的数据分片其实在HBase 里就称为 Region，每个 Region 记录了数据的行起始位置和行结束位置，分片交给不同的服务器管理，由表的元数据可以定位到要操作的数据分片位置。

关系数据库，如 MySQL，数据和服务都在单台服务器上，而操作 HBase（如 put 操作），会先去请求主结点，主结点会把请求分发到对应的从结点上。HBase 的数据存储在HDFS 上，从结点会通过调用 HDFS 客户端去操作 HDFS，这就是所谓的分布式数据库，它解决了高并发的问题。流程如图 6-6 所示。

上文提到，HBase 是分布式列式数据库，分布式已经解释了，接下来再来看看什么是列式存储。

有列式存储肯定会有行式存储，作为对比，先讲一下什么是行式存储。例如，有一个用户表如表 6-2 所示。

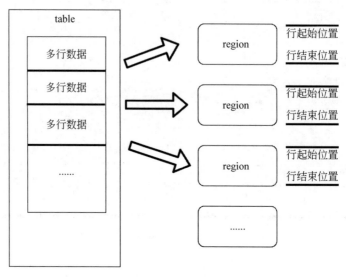

图 6-5　HBase 数据拆分

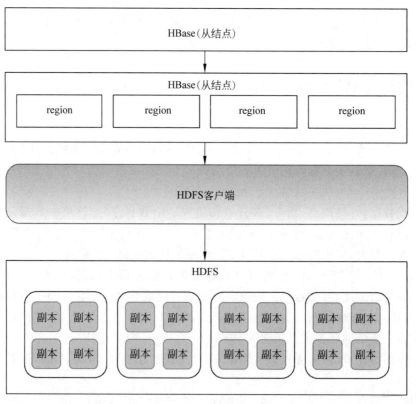

图 6-6　HBase 操作数据流程

表 6-2　用户表

id	name	age
uid1	hq	31
uid2	jjt	23
...	...	...

行式存储是以行为基础存储的,表 6-2 在行式存储的数据库中物理存储会像下边这样:

```
uid1hq31|uid2jjt23|···
```

这时如果想查用户的 id,那么就要"跳着查":先找到 uid1 的位置,再找到 uid2 的位置,然后再取出数据。如此查数据效率就不如一次性将一类数据全部取出的效率高,并且这样的存储方式由于每个字段的字段类型不一样所以也不利于做压缩。没有压缩则网络IO 和磁盘 IO 都会高,要想优化则需要将性质一样的数据放在一起,也就是表里的数据类型要一样,这样既方便压缩也方便做序列化,在数据量大的情况下列式存储读取效率就高。

列式存储的方式与之不同,可以想象出列式存储格式会像下边这样:

```
uid1uid2···|hqjjt···|3123···|···
```

列式存储带来查询和存储压缩性能的提升,再加上索引,即可满足实时查询的需求。可以预见,未来大数据在数据分析查询引擎的设计上基本上就是列数存储+索引的方式,而 HBase 就是这种设计的元祖及典型代表。

HBase 是"bigtable",所谓大表的"表"其实是一种抽象,从用户角度来看 HBase 的表可能是一张有几亿行、上百万列的大表。从概念逻辑层面上来看,其结构类似于图 6-7。

RowKey	column-family-1		column-family-2			column-family-3
	column-A	column-B	column-A	column-B	column-C	column-A
Key001	t2:hk t1:jy		t4:ipad t3:ipod t1:iphone			
Key002	t3:style t1:wk		t3:smile t2:jk	t2:wtf	t1:hw	
Key003		t1:high				t4:powerful

图 6-7　HBase 逻辑视图

物理上,HBase 结构如图 6-8 所示。

Region 并不是存储的最小单元。事实上,Region 由一个或者多个 Store 组成,每个Store 保存一个 Columns Family。每个 Store 又由一个 MemStore 和 0 至多个 StoreFile

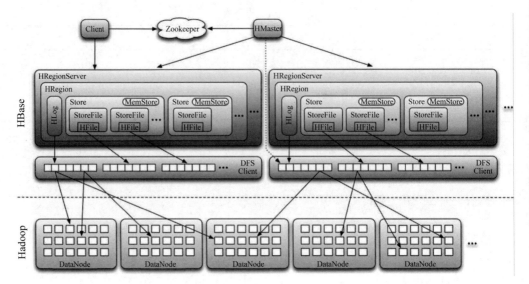

图 6-8　HBase 物理视图

组成。StoreFile 以 HFile 格式保存在 HDFS 上。

HLog(Write ahead log)用作灾难恢复,每个 Region Server 维护一个。

BlockCache 读缓存,默认是 LRU 策略,一个 Region Server 一个。

接下来再理解下什么是索引。

其实可以将 HBase 表设想为一个 HashMap,把 HBase 认为是一个非常大的 HashMap 集合。在设计 HBase 表模型的时候,需要将维度设置为 Key,也就是说,某一类数据的标签作为 Key 来存储。

表所有行按照 Row Key 字典序排列,在行的方向上分割为多个 Region。

6.3.1　表与行键

Row Key 用来检索记录的主键,访问 table 中的行方式有三种,分别是:通过单个 Row Key 访问,通过 Row Key 的 Range 进行扫描,全表扫描。

Row Key 可以是任意字符串(字节数组),存储时,数据按照 Row Key 字典序排序存储,设计 Key 时应将经常读取的行存储到一起。

```
SortedMap(rowkey, List(SortedMap(Column, List(Value,Timestamp))))
```

6.3.2　列标识与列族

列族是表的 Scheme 的一部分(而列不是),必须在使用表之前定义,列名是以列族为前缀的。列可动态扩展,无须预先定义。

6.3.3　单元格

单元格(Cell)通过 Row Key 和 Column(family＋label)确定,每个单元格保存多个

Version，Version 通过 Timestamp 来作索引。Timestamp 是 64 位整型，默认是写入时的系统时间（精确到 ms），也可以自己生成，时间倒序排序。

回收方式：最新的 n 个 version、最近一段时间的 version。

6.4　HBase 的基本操作

6.4.1　HBase Shell

HBase 可以有多种方式与 HBase 集群交互，如果用于测试的话使用命令行最为方便。例 6-5 列出几个常用的 HBase Shell 操作。

【例 6-5】　常用的 HBase Shell 操作。

```
#进入 HBase 命令行
cd /usr/local/HBase
$ bin/HBase shell
#读操作
HBase(main):001:0> create 'test', 'cf'
0 row(s) in 1.2130 seconds
=> HBase::Table -test
HBase(main):002:0> list 'test'
TABLE
test
1 row(s) in 0.0180 seconds
=> ["test"]

#写操作
HBase(main):003:0> put 'test', 'row1', 'cf:a', 'value1'
0 row(s) in 0.0850 seconds
HBase(main):004:0> put 'test', 'row2', 'cf:b', 'value2'
0 row(s) in 0.0110 seconds
HBase(main):005:0> put 'test', 'row3', 'cf:c', 'value3'
0 row(s) in 0.0100 seconds
HBase(main):006:0> scan 'test'
ROW COLUMN+CELL
row1 column=cf:a, timestamp=1469163844008, value=value1
row2 column=cf:b, timestamp=1469163862005, value=value2
row3 column=cf:c, timestamp=1469163899601, value=value3
3 row(s) in 0.0230 seconds

#表操作
HBase(main):007:0> get 'test', 'row1'
COLUMN CELL
cf:a timestamp=1469094709015, value=value1
```

```
1 row(s) in 0.0350 seconds
HBase(main):008:0> disable 'test'
0 row(s) in 1.1820 seconds
HBase(main):009:0> drop 'test'
0 row(s) in 0.1370 seconds
```

6.4.2 表和列族操作

例 6-6 为 HBase 包含 HBase 创建表的格式和几个建表例子。

【例 6-6】 创建表。

```
create '表名','列簇名'
create '命名空间:表名','列簇名'

HBase(main)> create 'student','info'
HBase(main)> create 'iparkmerchant_order','smzf'
HBase(main)> create 'staff','info'
HBase(main)> create 'ns_ct:calllog'
```

6.4.3 数据更新

例 6-7 是向表中添加数据的语句和一些例子。

【例 6-7】 插入数据到表。

```
put '表名','rowkey','列簇:列','属性'

HBase(main) > put 'student','1001','info:name','Thomas'
HBase(main) > put 'student','1001','info:sex','male'
HBase(main) > put 'student','1001','info:age','18'
HBase(main) > put 'student','1002','info:name','Janna'
HBase(main) > put 'student','1002','info:sex','female'
HBase(main) > put 'student','1002','info:age','20'
```

数据插入后的数据模型如图 6-9 所示。

rowkey	timestap	info		
		name	sex	age
1001		Thomas	male	18
1002		janna	female	20

图 6-9   HBase 数据模型

6.4.4 数据查询

例 6-8 是扫描表中数据的例子。

【例 6-8】 扫描查看表数据。

```
HBase(main) > scan 'student'
HBase(main) > scan 'student',{STARTROW => '1001', STOPROW  => '1001'}
HBase(main) > scan 'student',{STARTROW => '1001'}
```

6.4.5 HBase Table 设计原则

HBase Table 设计比较讲究技巧,尤其是 Row Key 的设计,这都需要根据业务场景结合读写效率综合考量。总的原则有以下几个。

(1) Region 大小为 10~50GB。

(2) 单元格大小不要超过 10MB,否则可以考虑数据存储在 HDFS 上,而在 HBase 上存储指针。

(3) 一个表的 Column Family 不宜过多,为 1~3。

(4) 一个表的 Region 数目为 50~100 个比较好。特例:有大量冷数据。

(5) Column Family 名字越短越好。

6.5 通过 Java 访问 HBase

6.5.1 基本环境配置

Java 访问 HBase 非常方便,这里通过配置 maven 引入 HBase 依赖,即可使用 HBase-client api 操作 HBase 中数据。

首先 pom.xml 里添加 HBase-client 依赖。代码如例 6-9 所示。

【例 6-9】 pom.xml 文件。

```
<dependency>
<groupId>org.apache.HBase</groupId>
<artifactId>HBase-client</artifactId>
<version>1.4.13</version>
</dependency>
```

然后将 HBase-site.xml,core-site.xml 复制到本地(如果是在本地运行的话)。

6.5.2 表的连接和操作

```
import java.io.IOException;
import org.apache.hadoop.conf.Configuration;
import org.apache.hadoop.fs.Path;
```

```java
import org.apache.hadoop.HBase.HBaseConfiguration;
import org.apache.hadoop.HBase.HColumnDescriptor;
import org.apache.hadoop.HBase.HConstants;
import org.apache.hadoop.HBase.HTableDescriptor;
import org.apache.hadoop.HBase.TableName;
import org.apache.hadoop.HBase.client.Admin;
import org.apache.hadoop.HBase.client.Connection;
import org.apache.hadoop.HBase.client.ConnectionFactory;
import org.apache.hadoop.HBase.io.compress.Compression.Algorithm;

/**
 * Java API 连接 HBase
 */
public class JavaHBaseExample {
    private static final String TABLE_NAME = "MY_TABLE_NAME_TOO";
    private static final String CF_DEFAULT = "DEFAULT_COLUMN_FAMILY";
    public static void createOrOverwrite(Admin admin, HTableDescriptor table)
throws IOException {
        if (admin.tableExists(table.getTableName())) {   //如果表已存在
            if (admin.isTableEnabled(table.getTableName())) {
                                                        //如果表状态为 Enabled
                admin.disableTable(table.getTableName());
            }
            admin.deleteTable(table.getTableName());
        }
        admin.createTable(table);
    }
    public static void createSchemaTables(Configuration config) throws
IOException {
        try (Connection connection = ConnectionFactory.createConnection
(config);
            Admin admin = connection.getAdmin()) {
            HTableDescriptor table = new HTableDescriptor(TableName.valueOf
(TABLE_NAME));
            table.addFamily(new HColumnDescriptor(CF_DEFAULT)
.setCompressionType(Algorithm.NONE));
            System.out.print("Creating table. ");
            createOrOverwrite(admin, table);
            System.out.println(" Done.");
        }
    }
    public static void modifySchema(Configuration config) throws IOException {
        try (Connection connection = ConnectionFactory.createConnection(config);
```

```
        Admin admin = connection.getAdmin()) {
        TableName tableName = TableName.valueOf(TABLE_NAME);
        if (!admin.tableExists(tableName)) {
            System.out.println("Table does not exist.");
            System.exit(-1);
        }
        HTableDescriptor table = admin.getTableDescriptor(tableName);
        //Update existing table
        HColumnDescriptor newColumn = new HColumnDescriptor("NEWCF");
        newColumn.setCompactionCompressionType(Algorithm.GZ);
        newColumn.setMaxVersions(HConstants.ALL_VERSIONS);
        table.addFamily(newColumn);
        //Update existing column family
        HColumnDescriptor existingColumn = new HColumnDescriptor(CF_DEFAULT);
        existingColumn.setCompactionCompressionType(Algorithm.GZ);
        existingColumn.setMaxVersions(HConstants.ALL_VERSIONS);
        table.modifyFamily(existingColumn);
        admin.modifyTable(tableName, table);
        //Disable an existing table
        admin.disableTable(tableName);
        //Delete an existing column family
        admin.deleteColumn(tableName, CF_DEFAULT.getBytes("UTF-8"));
        //Delete a table (Need to be disabled first)
        admin.deleteTable(tableName);
    }
}
public static void main(String... args) throws IOException {
    Configuration config = HBaseConfiguration.create();
    config.set("HBase.Zookeeper.quorum", "192.168.1.128");
    config.addResource(new Path("/data/conf/HBase", "HBase-site.xml"));
    config.addResource(new Path("/data/conf/hadoop", "core-site.xml"));
    createSchemaTables(config);
    modifySchema(config);
}
}
```

6.5.3　表操作与数据更新

```
/**
 * 创建表
 */
public static void creatTable(String tableName, String[] familys)
```

```java
        throws Exception    {
        HBaseAdmin admin = new HBaseAdmin(conf);
        if (admin.tableExists(tableName))
        {
            System.out.println("table already exists!");
        }
        else
        {
            HTableDescriptor tableDesc = new HTableDescriptor(tableName);
            for (int i = 0; i < familys.length; i++)
            {
                tableDesc.addFamily(new HColumnDescriptor(familys[i]));
            }
            admin.createTable(tableDesc);
            System.out.println("create table " + tableName + " ok.");
        }
    }


    /**
     * 删除表
     */
    public static void deleteTable(String tableName)
        throws Exception
    {

        try
        {
            HBaseAdmin admin = new HBaseAdmin(conf);
            admin.disableTable(tableName);
            admin.deleteTable(tableName);
            System.out.println("delete table " + tableName + " ok.");
        }
        catch (MasterNotRunningException e)
        {
            e.printStackTrace();
        }
        catch (ZookeeperConnectionException e)
        {
            e.printStackTrace();
        }
    }


    /**
```

```
 *  添加记录
 */
public static void addRecord(String tableName, String rowkey, String
family, String qualifier,
    String value)
    throws Exception
{

    try
    {
        HTable table = new HTable(conf, tableName);
        Put put = new Put(Bytes.toBytes(rowkey));
        put.add(Bytes.toBytes(family), Bytes.toBytes(qualifier), Bytes.
toBytes(value));
        table.put(put);
        System.out.println("insert recored " + rowkey + " to table " +
tableName + " ok.");
    }
    catch (IOException e)
    {
        e.printStackTrace();
    }
}

/**
 *  删除记录
 */
public static void delRecord(String tableName, String rowkey)
    throws IOException
{

    HTable table = new HTable(conf, tableName);
    List list = new ArrayList();
    Delete del = new Delete(rowkey.getBytes());
    list.add(del);
    table.delete(list);
    System.out.println("del recored " + rowkey + " ok.");
}
```

6.5.4 数据查询

```
/**
 *  获取某条记录
```

```
        * /
    public static void getOneRecord(String tableName, String rowkey)
        throws IOException
    {


        HTable table = new HTable(conf, tableName);
        Get get = new Get(rowkey.getBytes());
        Result rs = table.get(get);
        for (KeyValue kv : rs.raw())
        {
            System.out.print(new String(kv.getRow()) + " ");
            System.out.print(new String(kv.getFamily()) + ":");
            System.out.print(new String(kv.getQualifier()) + " ");
            System.out.print(kv.getTimestamp() + " ");
            System.out.println(new String(kv.getValue()));
        }
    }


    /**
     * 获取所有记录
     * /
    public static void getAllRecord(String tableName)
    {


        try
        {
            HTable table = new HTable(conf, tableName);
            Scan s = new Scan();
            ResultScanner ss = table.getScanner(s);
            for (Result r : ss)
            {
                for (KeyValue kv : r.raw())

                {
                    System.out.print(new String(kv.getRow()) + " ");
                    System.out.print(new String(kv.getFamily()) + ":");
                    System.out.print(new String(kv.getQualifier()) + " ");
                    System.out.print(kv.getTimestamp() + " ");
                    System.out.println(new String(kv.getValue()));
                }
            }
```

```
    }
    catch (IOException e)
    {
        e.printStackTrace();
    }
}
```

第 **7** 章

HBase进阶

前文介绍了 HBase 数据库的基本操作。通过前文的介绍,读者大致了解了列族数据库的适用范围和使用方式。

在接下来的章节中,将进一步阐述 HBase 数据库中的一些原理,其中包括它的分区原理、Region 管理和 Zookeeper 的使用。

HBase 数据库中存在着一个基础的 Meta 表用于分区拆分,其存储和读写操作都是基于 Meta 表进行的。通过分析 Meta 表的结构和存储内容,读者可以很好地理解列族数据库存储数据的方式。

Region 是表按行方向切分的数据区域。它由 Region Server 管理,并向外提供数据读写服务。Region 中存储的是大量的 RowKey 数据。其特点是当 Region 过大的时候 HBase 会拆分 Region,这也是 HBase 的优点之一。

Zookeeper 作为分布式协调组件,在大数据领域的其他分布式组件中往往扮演着重要的辅助角色。Zookeeper 为 HBase 提供了 HMaster 选举与主备切换、系统容错、RootRegion 管理、Region 状态管理和分布式 SplitWAL 任务管理等功能。

7.1 水平分区原理

7.1.1 meta 表

HBase 的 Meta 特殊目录表用于保存集群中 Regions 的位置(Region 列表)。Meta 表也会随着数据的增多,进行自动分区,每个 Meta 分区记录一部分用户表和分区管理情况。Meta 表的入口地址存储在 Zookeeper 集群,表的实体由若干 Region Server 进行管理(持久化在 HDFS 上)。Meta 结点并不负责存储这些信息,客户端在寻址之后,可以将信息缓存。用户进行读写数据时,会根据需要读写的表和行键,通过如下顺序寻找该行键对应的分区：Zookeeper-＞ Meta-＞ Region Server-＞ Region。Meta 表结构如表 7-1 所示。

表 7-1　Meta 表结构

行键（Row）	列族（Column Family）	列（Column）	值（Value）
tableName（表名），table produe epoch（表创建的时间戳）	info（信息）	regioninfo（分区信息）	NAME=＞ STARTKEY=＞ ENDKEY=＞ ENCODED=＞（编码）
		server	服务器地址：端口
		serverstartcode	服务器开始的时间戳

如表 7-1 所示，Meta 表的行键包括表名和建表时间，列族信息包含三部分，分别是序列化的分区信息、服务器地址和服务器开始时间戳。

一个 Meta 表实例如例 7-1 所示。

【例 7-1】　Meta 表实例。

```
hbase(main):148:0> scan 'hbase:meta'
ROW  COLUMN+CELL
 hbase: namespace,, 1512106581988. 18a0600b197d7313 column = info: regioninfo,
timestamp=1512106686993, value={ENCODED => 18a0600b197d73133f8cdeeca1d9bbe2,
NAME => 'hbase:namespace,,1512106581988
 3f8cdeeca1d9bbe2.  .18a0600b197d73133f8cdeeca1d9bbe2.', STARTKEY => '', ENDKEY => ''}
 hbase:  namespace,,  1512106581988.  18a0600b197d7313  column  =  info:
seqnumDuringOpen, timestamp=1512106686993, value=\x00\x00\x00\x00\x00\x00\
x00\x0B
 3f8cdeeca1d9bbe2.
 hbase: namespace,, 1512106581988. 18a0600b197d7313 column = info: server,
timestamp=1512106686993, value=slave-1:16020
 3f8cdeeca1d9bbe2.
 hbase: namespace,, 1512106581988. 18a0600b197d7313 column = info: serverstartcode,
timestamp=1512106686993, value=1512106679061
 3f8cdeeca1d9bbe2.
```

7.1.2　数据写入和读取机制

HBase 通过 Region Server 来管理写入。Region Server 负责向对应的表分区和列族中写入数据，管理缓存，排序并实现容错。每个 Region Server 可能管理多个表和多个分区。Region Server 将用户请求的数据对应写到表分区中，每个分区中有一个或多个 store，每个 store 对应当前分区中的一个列族。

1. 数据写入机制

HBase 的数据写入流程如图 7-1 所示。

在向 HBase 写入数据时,客户端会先去 Zookeeper 中找 Meta 表所在的 Region Server 位置,找到其所在的 Region Server 后返回其所在的 Region Server 位置,这之后客户端会再请求该 Region Server 返回要写入的数据的表的 Region Server 位置(这时客户端会把元数据缓存下来,下次先找缓存,没有再找 Zookeeper)。这之后客户端发送请求到要写入数据的表的 Region Server 位置,先写入预写日志,再写入内存,此时对于客户端来说,写就结束了,不需要等到刷新,然后就通知客户端写操作结束。

2. 数据读取机制

HBase 的数据读取流程如图 7-2 所示。

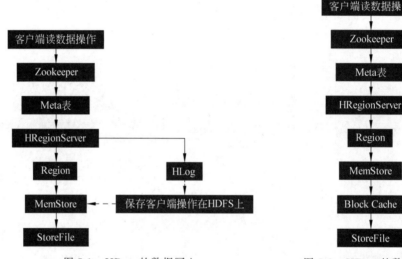

图 7-1　HBase 的数据写入　　　　图 7-2　HBase 的数据读取

HBase 读取数据时比其写入数据多一个读缓存(Block Cache),读缓存的是实际数据。当客户端查询一条数据时,它会先去 Zookeeper 里找 Meta 表所在的 Region Server 位置,这之后客户端会请求该 Region Server 返回要读取的数据的表的 Region Server 位置。得到这个 Region Server 位置后,客户端向这个 Region Server 位置请求读取内存、读缓存以及磁盘,先将读到的磁盘中的数据缓存到读缓存中方便下次查询,再比较时间戳选择时间戳最新的返回。

7.1.3　预写日志

预写日志(Write-Ahead Log,WAL)最重要的作用就是灾难恢复。也就是说,当服务器崩溃时通过重放之前预写的日志可以恢复崩溃前的数据。由于实际的日志存储在HDFS 上,所以即使在服务器完全崩溃的情况下,预写日志也能保证数据不会丢失。其他服务器可以打开日志文件然后回放这些修改。由于其在灾难恢复时的重要性，所以如果写入预写日志失败，则整个操作将被认为失败。

为了加快数据操作的速度，减少预写日志过程中使用的时间是有必要的。预写日志在默认情况下是开启的，但可以调用〔Mutation.setDurability(Durability.SKIP_WAL)〕方法手动关闭。关闭预写日志的确可以使得数据操作快一点，但并不被提倡，因为一旦服务器宕机，数据就会丢失。

调用 setDurability(Durability.ASYNC_WAL)实现延迟(异步)同步写入预写操作也是减少其所用时间的一种方法。这样通过设置时间间隔来延迟将操作写入预写输入。使用 HBase 间隔一定时间(默认值为 1s)将操作从内存写入到预写输入也可以相应地提高性能。

7.1.4 分区拆分

可以使用一个用户发表博客的场景描述水平拆分的分区拆分原理。

首先定义用户发表的博客包括用户 ID、博客 ID、博客内容和博客发表时间几部分。具体定义如例 7-2 所示。

【例 7-2】 使用一个用户发表博客的场景描述水平拆分的分区拆分原理。

```
user_id int(11) not null ,
post_id int(11) not null auto increment,
post_content not null ,
post_time not null ,
...
```

如果通过用户 ID(user_id)进行％10 操作(平均划分为 10 份)将数据划分到各个分区表中，然后将分区的表分布在各个服务器上，通过一个中心来映射到各个数据库地址就是一种水平拆分。可以看到，当每个用户 ID 所对应的数据都差不多大的时候可以较为平均地划分数据。也就是说，水平拆分使得数据库中不存在单库大数据的情况，增强了系统应对并发的能力，也提高了系统的稳定性和负载能力。但水平拆分使得分片事务一致性变得难以解决，同时数据多次扩展难度增大，数据维护量极大。

7.2 HBase Region 管理

7.2.1 HFile 合并

HFile 是 HBase 中 KeyValue 数据的存储格式，是 Hadoop 的二进制格式文件。一个 StoreFile 对应着一个 HFile。而 HFile 是存储在 HDFS 之上的。HFile 合并也就是对 StoreFile 进行合并。

由于 Hadoop 不擅长处理小文件，文件越大性能越好。而数据加载到 MemStore，数据越来越多直到 MemStore 占满，再写入硬盘 StoreFile 中，每次写入形成一个单独的 StoreFile。当 StoreFile 达到一定数量时就需要将小的 StoreFile 合并成大的 StoreFile。

HBase 中对 StoreFile 进行合并可以按照合并规模分为两类,分别是 Major Compaction 和 Minor Compaction。

Minor Compaction 是指选取一些较小的、临近的 StoreFile 合并成较大的 StoreFile,在合并的过程中不会处理被删除的、过期的和版本号超过设定版本号的数据。每次 Minor Compaction 合并后将会获得更少量但更大的 StoreFile。

Major Compaction 是指将所有的 StoreFile 合并成一个 StoreFile,在合并的过程中会清理被删除的数据、TTL 过期数据和版本号超过设定版本号的数据。

HFile 合并的触发有三种方式,分别是 MemStore 刷盘(MemStore Flush)、后台线程周期性检查和手动触发。

(1) MemStore 刷盘:可以说合并操作的源头就是刷盘,MemStore 刷盘后会产生 HFile 文件,文件越来越多就需要进行合并。因此每次执行刷盘操作,系统都会对当前内存中的文件数进行判断,一旦文件数大于于配置,就会触发一次 Minor Compaction。

(2) 后台线程周期性检查:后台线程通常也会定期检查是否需要合并,这个检查周期是可配置的。检查时,线程先检查文件数是否大于配置,一旦成立则触发 Minor Compaction,若不满足线程会继续判断其是否满足 Major Compaction 条件。一般情况下,Major Compaction 文件合并的时间会比较长,整个过程将消耗大量系统资源,对上层业务有较大影响,所以大多线上业务都会关闭自动触发 Major Compaction 的功能,在业务低峰时间段手动触发 Major Compaction。

(3) 手动触发:通常情况下,手动触发合并都是为了执行 Major Compaction。

7.2.2 Region 拆分

Region 是表按行方向切分的一个个数据区域,由 Region Server 管理,并向外提供数据读写服务。Region 中存储的是大量的 RowKey 数据,Region 中的数据条数过多会直接影响查询效率。当 Region 过大的时候 HBase 会拆分 Region,这也是 HBase 的优点之一。

1. 预拆分

在建表的时候就定义好了的 Region 拆分算法叫作预拆分。预拆分可以减少 RowKey 热点,同时还可以减轻 Region 切分时导致的服务不可用问题。预拆分可以使用 Hex 拆分点拆分,也可以手动指定拆分点来拆分。

2. 自动拆分

建表完成后使用一定的拆分策略进行 Region 拆分的方法叫作自动拆分。自动拆分可以使用的拆分策略有很多,可以将它们粗略地分为两类,其中一类依靠判断 Region 大小是否大于某个阈值来触发拆分,另一类拆分方式根据 RowKey 的前缀对数据进行分组,以此进行拆分。

3. 手动拆分

除了预拆分和自动拆分外,对运行了一段时间的 Region 进行强制的手动拆分也是一种可行的拆分方法。

由于数据开始工作时通常会出现热点不均的情况,所以读者可以先用预拆分导入初始数据,再用自动拆分来让 HBase 自动管理 Region。

7.2.3　Region 合并

在维持自动拆分的情况下,当一个 Region 被不断地写数据以至于达到 Region 拆分的阈值时,该 Region 就会被分割成两个新的 Region。随着业务数据量的不断增加,Region 不断分隔就会生成大量 Region。然而一个业务表的 Region 越多,在其进行读写操作时集群的压力也就会越大,所以 Region 的合并是十分必要的。如果设定当前 Region 的分隔阈值是 30GB 就可以对小于或等于 10GB 的 Region 进行一次合并,以减少每个业务表的 Region,从而降低整个集群的压力。

7.2.4　Region 负载均衡

对于 HBase 来讲,如果一个 Region Server 上的 Region 过多,那么该 Region Server 对应地就会承担过多的读写等服务请求,也就有可能在高并发访问的情况下,造成服务器性能下降甚至宕机。因此,Region Server 间 Region 的动态负载均衡,也就成了 HBase 实现高性能读写请求访问的一个需要解决的问题。

HBase 通过 Region 数量实现简单的负载均衡,虽然这种方式比较简单,但官方认为这样的实现是最简捷、高效的,能够满足绝大部分的需求。接下来将介绍三种负载均衡计划的原理和应用场景,以及手动控制的负载均衡。

1. 全局计划

首先要介绍的是全局计划。全局计划是最常见的负载均衡,它贯穿在整个集群的平衡运行期内,指负载均衡以特定的时间间隔(默认 5min)执行。可以看到,全局计划是十分简易方便的负载均衡方式。然而,很多情况下是无法进行全局负载均衡的。例如,当均衡负载开关 BalanceSwitch 关闭、HMaster 未完成初始化操作、RIT 中有未处理完的 Region、有正在处理的 Dead Region Server 或 Region Server 上的平均 Region 数量小于或等于 1 时都不能使用全局计划。

2. 随机分配计划

另一种实现负载均衡的方式是随机分配计划,即使用随机函数 java.util.Random 类将 region 随机分配到新加入的 Region Server 中。

3. 批量启动分配计划

最后一种实现负载均衡的方法是批量启动分配计划。这个计划应用于集群启动时,在这时决定 Region 分配到哪台机器。批量启动分配计划分为保留分配和循环分配两种,保留分配尝试使用 Meta 表中的分配信息,有原有分配信息的按照原有分配信息分配,剩下的 Region 随机分配;循环分配是指使用 floor(avg) 和 ceiling(avg) 重新分配 Region。

7.3　HBase 集群的高可用性与伸缩性

7.3.1　Zookeeper 的基本原理

Zookeeper 是一个开源的分布式协调服务,在 Apache HBase 和 Apache Solr 以及 LinkedIn Sensei 等项目中都有使用。它是一个高可用的分布式数据管理与协调框架。基于对 ZAB 算法的实现,该框架能够很好地保证分布式环境中数据的一致性。也是基于这样的特性,使得 Zookeeper 成为解决分布式一致性问题的利器。Zookeeper 的一些概念和性质在本节后面的讲解中列出。

1. 集群角色

Zookeeper 中有 Leader、Follower 和 Observer 三种角色。

Leader 是集群的核心,提供读和写的权限,一个 Zookeeper 集群在同一时刻只会有一个 Leader,其他都是 Follower 或 Observer。Zookeeper 集群的所有机器通过这个 Leader 选举过程来选定一台被称为 Leader 的机器,Leader 服务器为客户端提供读和写服务。

Follower 是 Leader 的追随者,给外界提供读的服务,在 Leader 崩溃的时候可以通过 Master 选举成为 Leader。Zookeeper 默认只有 Leader 和 Follower 两种角色,没有 Observer 角色。为了使用 Observer 模式,需要在配置文件中进行配置。

集群的 Observer(观察者),与 Follower 功能相似,也是向外面提供读的服务,但是 Observer 不会参加 Master 选举成为 Leader,它的存在只是为了扩展系统,提高读的性能。

Follower 和 Observer 都能提供读服务,不能提供写服务。两者唯一的区别在于,Observer 机器不参与 Leader 选举过程,也不参与写操作的过半写成功策略,因此 Observer 可以在不影响写性能的情况下提升集群的读性能。

2. 集群管理

集群管理包括服务器的新增、移除和 Master 的选举。

服务器的新增和移除可以通过 Zookeeper 文件系统的临时结点轻松实现。当服务器在 Zookeeper 上注册的时候,Zookeeper 会为它新增一个临时结点,而服务器与 Zookeeper 失去连接的时候,Zookeeper 会删除该服务器对应的临时结点,并且通知集群内的其他服务器,有一个服务器被移除了。

3. 客户端连接

在 Zookeeper 中,一个客户端连接是指客户端和 Zookeeper 服务器之间的 TCP 长连接。Zookeeper 对外的服务端口默认是 2181,客户端启动时,首先会与服务器建立一个 TCP 连接,从第一次连接建立开始,客户端会话的生命周期也开始了,通过这个连接,客户端能够通过心跳检测和服务器保持有效的会话,也能够向 Zookeeper 服务器发送请求并接受响应,同时还能通过该连接接收来自服务器的 Watch 事件通知。会话(Session)的

SessionTimeout 值用来设置一个客户端会话的超时时间。当由于服务器压力太大、网络故障或是客户端主动断开连接等各种原因导致客户端连接断开时,只要在 SessionTimeout 规定的时间内能够重新连接上集群中任意一台服务器,那么之前创建的会话仍然有效。

4. 数据结点

Zookeeper 中的数据结点是指数据模型中的数据单元,称为 ZNode。Zookeeper 将所有数据存储在内存中,数据模型是一棵树(ZNode Tree)。每个 ZNode 上都会保存自己的数据内容,同时会保存一系列属性信息。HBase 和 Master 都是 ZNode。Zookeeper 的每个 ZNode 上都会存储数据,对应于每个 ZNode,Zookeeper 都会为其维护一个叫作 Stat 的数据结构,Stat 中记录了这个 ZNode 的三个数据版本,分别是 version(当前 ZNode 的版本)、cversion(当前 ZNode 子结点的版本)和 aversion(当前 ZNode 的 ACL 版本)。每个 ZNode 除了存储数据内容之外,还存储了 ZNode 本身的一些状态信息。

ZNode 的类型总共有如下四种。

(1) PERSISTENT(持久化目录结点):这种类型的 ZNode 创建了就会一直存在于目录结点中,除非主动删除这个结点,不然该结点不会因为类似 Zookeeper 宕机或者客户端和 Zookeeper 断开连接而消失。

(2) PERSISTENT_SEQUENTIAL(持久化顺序编号目录结点):对于这种结点,Zookeeper 会给它们顺序编号,这种结点也不会因为 Zookeeper 宕机或者客户端和 Zookeeper 断开连接而消失。

(3) EPHEMERAL(临时目录结点):这种临时目录结点是会因为 Zookeeper 宕机或者客户端和 Zookeeper 断开连接而消失的目录结点。

(4) EPHEMERAL_SEQUENTIAL(临时顺序编号目录结点):这种结点也是因为 Zookeeper 宕机或者客户端和 Zookeeper 断开连接而消失的目录结点。Zookeeper 会给这种结点进行顺序编号。

Zookeeper 数据模型如图 7-3 所示。

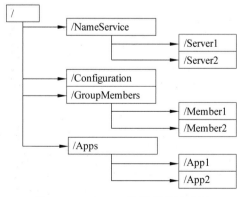

图 7-3　Zookeeper 数据模型示意图

5. 事务操作

在 Zookeeper 中,能改变 Zookeeper 服务器状态的操作称为事务操作。一般包括数据结点创建与删除、数据内容更新和客户端会话创建与失效等操作。对应每一个事务请求,Zookeeper 都会为其分配一个全局唯一的事务 ID,用 ZXID 表示,通常是一个 64 位的数字。每一个 ZXID 对应一次更新操作,从这些 ZXID 中可以间接地识别出 Zookeeper 处理这些事务操作请求的全局顺序。

6. 分布式协调/通知

Zookeeper 的分布式协调/通知功能是基于事件监听器(Watcher)而实现的。事件监听器是 Zookeeper 中一个很重要的特性。Zookeeper 允许用户在指定结点上注册一些 Watcher,并且在一些特定事件触发的时候,Zookeeper 服务端会将事件通知到感兴趣的客户端上去。该机制是 Zookeeper 实现分布式协调服务的重要特性。

7. 命名服务

Zookeeper 自身有一个分布式文件系统,命名服务旨在使客户端应用能够根据指定名字来获取资源或服务的地址和提供者等信息,即生成全局唯一的 ID。被命名的实体通常可以是集群中的机器、提供的服务和远程对象等(可统称它们为名字)。这之中较为常见的是一些分布式服务框架(如 RPC)中的服务地址列表。

8. 负载均衡

当 Zookeeper 与 RPC 服务框架一起使用的时候,Zookeeper 会作为服务注册中心,RPC 服务框架可以在 Zookpeer 上注册服务与订阅服务,当消费者要使用服务,而服务提供方有多个的时候,Zookeeper 可以根据一定的负载均衡策略选择服务提供方来提供服务。

9. 分布式锁

Zookeeper 文件系统的临时结点可以作为分布式锁。

客户端通过注册 Watcher 来监听该临时结点,它们可以在 Zookeeper 中尝试创建临时结点(Zookeeper 的同一个目录下只能有一个唯一的文件名机制会保证只有一个客户端可以成功创建临时结点),成功创建结点代表了这个客户端已经获取到了锁。在客户端处理完业务之后只需要将之前创建的临时结点删除,就释放了锁。与此同时,之前注册过 Watcher 监听临时结点的客户端会接收到通知,继续尝试创建临时结点。这就是 Zookeeper 文件系统中的分布式锁。临时结点的特性保证了分布式锁的正常工作,临时结点会在客户端与 Zookeeper 失去连接的时候主动删除临时结点,不会造成锁一直存在的情况。

10. 权限控制

Zookeeper 采用 ACL(Access Control Lists)策略来进行权限控制。Zookeeper 定义

了 5 种权限,这些权限如下。

(1) CREATE:创建子结点的权限。

(2) READ:获取结点数据和子结点列表的权限。

(3) WRITE:更新结点数据的权限。

(4) DELETE:删除子结点的权限。

(5) ADMIN:设置结点 ACL 的权限。

7.3.2　基于 Zookeeper 的高可用性

HBase 的高可用性体现在它的高可靠、高性能上,而其高可靠、高性能的特点离不开 Zookeeper 的使用。

1. 集群容错性

使用 Zookeeper 来提供 Leader 选举以及一些状态存储使得 HBase 具有容错性,开发人员可以在集群中启动多个 Master 进程,将这些 Master 连接到 Zookeeper 实例。这些 Master 进程的其中一个会被选举为 Leader,其他 Master 进程会被指定为 Standby 模式。如果当前 Leader Master 进程出现错误,Zookeeper 会重新选择一个新的 Master 进程作为 Leader,这样的整个恢复过程需要 1~2min。在这个无 Leader 的过程中,数据仍然可以照常读取,但要注意 Region 切分和负载均衡等无法进行。

启动一个 Zookeeper 集群后,只需要在多个结点上启动多个 Master 进程并且给它们相同的 Zookeeper 配置(Zookeeper URL 和目录),就可以直接启用其高可用性。这样,任意 Master 进程就都可以动态加入 Master 集群,并可以在任何时间被移除。

当然,为了调度新的应用程序或者向集群中添加 worker 结点,还需要知道当前 Leader Master 的 IP 地址,这可以通过传递一个 Master 列表来完成。

此外,HBase 中 Region Server 具有容错性,Region Server 会定时向 Zookeeper 汇报心跳,一旦规定时间内未出现心跳,Master 会将该 Region Server 上的 Region 重新分配到其他 Region Server 上,失效的 Region Server 上的预写日志由 Master 进行分割并重新派送。

而 Zookeeper 本身也具有容错性,它作为一个可靠的服务一般会配置 3~5 个。

2. 集群稳定性

Zookeeper 的分布式文件系统保证了分布式进程互相协同工作。ZNodes 的存在实现了高性能、高可靠性和程序的有序访问。高性能保证了 Zookeeper 能应用在大型的分布式系统上;高可靠性保证它不会因单一结点的故障而产生问题;有序的访问能保证客户端可以实现较为复杂的同步操作。

3. 集群持续性

Zookeeper 加强 HBase 集群持续性主要体现在组成 Zookeeper 的各个服务器能相互通信。它们在内存中保存了服务器状态,也保存了操作的日志,并且持久化快照。只要大多数的服务器是可用的,那么 Zookeeper 就是可用的。

4. 集群有序性

Zookeeper 使用数字来对每一个更新进行标记。这样能保证 Zookeeper 交互的有序。后续的操作可以根据这个顺序实现诸如同步操作这样更高更抽象的服务。

5. 集群高效性

Zookeeper 为 HBase 带来的高效性表现在以读为主的系统上。Zookeeper 可以在由千台服务器组成的读写比例大约为 10∶1 的分布式系统上表现优异。

7.3.3 集群数据迁移过程

由于 HBase 通常用于存储大量数据,所以集群间的数据迁移是十分需要关注的问题。目前,HBase 集群间的数据迁移主要有四种方式。HBase 数据迁移方案如图 7-4 所示。

通过图 7-4 可以看出,在 HBase 层主要包括扫描全表(copyTable)、迁移文件(Export/Import)和创建快照(Snapshot)三种方式,而在 Hadoop 层可以使用分布式复制(DistCP)的方式。

HBase 集群间的数据迁移有 4 种方式。

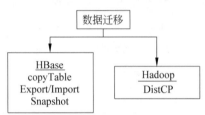

图 7-4 HBase 数据迁移方案

1. 扫描全表

copyTable 方法以表级别进行数据迁移。它利用 MapReduce 扫描读取后把原表中的数据读取出来写入到目标集群的表中。例 7-3 是 copyTable 的一些使用参数。

【例 7-3】 copyTable 的使用参数。

```
Usage: CopyTable [general options] [--starttime=X] [--endtime=Y] [--new.name
=NEW] [--peer.adr=ADR]
Options:
 rs.class     hbase.regionserver.class of the peer cluster
              specify if different from current cluster
 rs.impl      hbase.regionserver.impl of the peer cluster
 startrow     the start row
 stoprow      the stop row
 starttime    beginning of the time range (unixtime in millis)
              without endtime means from starttime to forever
 endtime      end of the time range.  Ignored if no starttime specified.
 versions     number of cell versions to copy
 new.name     new table's name
 peer.adr     Address of the peer cluster given in the format
              hbase.zookeeer.quorum:hbase.zookeeper.client.port:zookeeper.
 znode.parent
```

```
families    comma-separated list of families to copy
             To copy from cf1 to cf2, give sourceCfName:destCfName.
             To keep the same name, just give "cfName"
 all.cells    also copy delete markers and deleted cells
Args:
 tablename    Name of the table to copy
Examples:
 To copy 'TestTable' to a cluster that uses replication for a 1 hour window:
$ bin/hbase org.apache.hadoop.hbase.mapreduce.CopyTable --starttime=
1265875194289 --endtime=1265878794289 --peer.adr=server1,server2,server3:
2181:/hbase --families=myOldCf:myNewCf,cf2,cf3 TestTable
For performance consider the following general options:
-Dhbase.client.scanner.caching=100
-Dmapred.map.tasks.speculative.execution=false
```

从上面的参数可以看出,copyTable 支持设定需要复制的表的时间范围、cell 的版本,也可以指定列簇,设定从集群的地址、起始/结束行键等。

copyTable 支持如下几个场景。

(1) 表深度复制:这相当于一个快照,只是这个快照包含原表的实际数据。由于 HBase 0.94.x 版本之前是不支持 Snapshot 快照命令的,所以常常用 copyTable 实现对原表的复制。具体使用方式如下。

```
create 'table_snapshot',{NAME=>"i"}
hbase org.apache.hadoop.hbase.mapreduce.CopyTable --new.name=tableCopy
table_snapshot
```

(2) 集群间复制:这种方式是在集群之间以表的维度同步一个表数据。具体使用方式如下。

```
create 'table_test',{NAME=>"i"}
hbase org.apache.hadoop.hbase.mapreduce.CopyTable --peer.adr=zk-addr1,zk-
addr2,zk-addr3:2181:/hbase table_test
```

(3) 增量备份:增量备份表数据,这种功能支持参数中指定备份时间范围。具体使用方式如下。

```
hbase org.apache.hadoop.hbase.mapreduce.CopyTable ... --starttime=start_
timestamp --endtime=end_timestamp
```

(4) 部分表同步:只备份其中某几个列族数据,用在一个表有很多列族,但只想备份其中几个列族数据的情况。具体使用方式如下。

```
hbase org.apache.hadoop.hbase.mapreduce.CopyTable ... --families=srcCf1,
srcCf2
```

```
hbase  org.apache.hadoop.hbase.mapreduce.CopyTable ... --families=srcCf1:
dstCf1, srcCf2:dstCf2
```

总的来说,copyTable 方式支持的范围还是很广泛的,但因其涉及的是直接 HBase 层数据的复制,所以效率比较低。同时这种数据迁移的方式有很多局限性,比如当一个表过大同时又在读写的情况下,扫描全表会对集群性能造成影响。

2. 同步文件

这种方式将 HBase 表中的数据转换成 Sequence File 存储到 HDFS 中,也涉及扫描全表的问题,但不同于第一种方式,它支持不同版本数据的复制,同时它复制时会先将数据转换成文件,再同步文件。

(1) Export 阶段:这一阶段将原集群表数据 Scan 并转换成 Sequence File 到 HDFS 上。使用方式如下。

```
hbase org.apache.hadoop.hbase.mapreduce.Export
```

如果需要同步多个版本数据,可以指定 versions 参数,否则默认同步最新版本的数据,还可以指定数据起始结束时间。

(2) Import 阶段:这一阶段将原集群 Export 出的 SequenceFile 导入到目标集群对应表。具体使用方式如下。

```
hbase org.apache.hadoop.hbase.mapreduce.Import
```

3. 创建快照

这种方式与上面几种方式有所区别,也是目前用得比较多的方案。创建快照的方式使用 ExportSnapshot 命令进行数据迁移,进而在原集群上创建快照。ExportSnapshot 也是 HDFS 层的操作。这个过程主要涉及 I/O 操作。

因不复制实际的数据,所以整个过程是比较快的,相当于对表当前元数据状态做一个克隆,Snapshot 的流程主要有三个步骤,如图 7-5 所示。

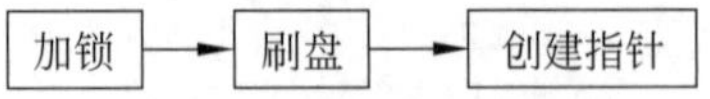

图 7-5　数据迁移流程

在图 7-5 的流程中,加锁环节的对象是 Region Server 的 MemStore,其目的在于禁止在创建快照的过程中对数据进行存储、更新、删除等操作;刷盘环节针对当前还在 MemStore 中的数据,保证刷到 HDFS 上的快照数据相对完整,需要注意的是,这一步不是强制执行的,只是若不刷,则快照中的数据会存在不一致的风险;创建指针指的是创建对 HDFS 文件的指针,Snapshot 中存储的就是这些指针元数据。

4. 分布式复制

分布式复制方式通常用于大规模集群内部和集群之间的复制。它使用 MapReduce

实现文件分发,错误处理和恢复,以及报告生成。把文件和目录的列表作为 Map 任务的输入,每个任务会完成源列表中部分文件的复制。

MapReduce 程序通常用来处理大批量数据,其复制本质就是启动一个 MapReduce 作业,不过在分布式复制方法中只有 Map,没有 Reduce,在复制时,由于要保证文件块的有序性,转换的最小粒度是一个文件,而不像其他 MapReduce 作业一样可以把文件拆分成多个块启动多个 Map 并行处理。如果同时要复制多个文件,分布式复制会将文件分配给多个 Map,每个文件单独一个 Map 任务。

一个简单的分布式复制如例 7-4 所示。

【例 7-4】 分布式复制参数形式。

```
hadoop distcp hdfs://src-hadoop-address:9000/table_name  hdfs://dst-hadoop
-address:9000/table_name
```

由于数据量很大,所以如果使用独立的 MapReduce 集群执行分布式复制操作,一般会按 Region 目录粒度传输。在传输到目标集群时,通常也会先把文件传到临时目录,之后再在目的集群上加载表单,具体传输形式如例 7-5 所示。

【例 7-5】 使用独立的 MapReduce 集群执行分布式复制操作。

```
hadoop distcp \
-Dmapreduce.job.name=distcphbase \
-Dyarn.resourcemanager.webapp.address=mr-master-ip:8080  \
-Dyarn.resourcemanager.resource-tracker.address=mr-master-dns:8093  \
-Dyarn.resourcemanager.scheduler.address=mr-master-dns:8091  \
-Dyarn.resourcemanager.address=mr-master-dns:8090  \
-Dmapreduce.jobhistory.done-dir=/history/done/  \
-Dmapreduce.jobhistory.intermediate-done-dir=/history/log/  \
-Dfs.defaultFS=hdfs://hbase-fs/ \
-Dfs.default.name=hdfs://hbase-fs/ \
-bandwidth 20 \
-m 20 \
hdfs://src-hadoop-address:9000/region-hdfs-path \
hdfs://dst-hadoop-address:9000/tmp/region-hdfs-path
```

在例 7-5 的操作中需要注意 Hadoop 和 HBase 的版本一致性,如果版本不一致,最终加载表单时会出现错误。

实施数据迁移的具体操作有如下几步。

首先要做的是停止集群对需要迁移的表的写入,这里以 test 表为例。

停止写入表后,使用 flush 指令刷新表来清除缓存,具体指令如例 7-6 所示。

【例 7-6】 flush 指令。

```
hbase> flush 'test'
```

这之后就是复制表文件到目的路径,检查源集群到目标集群策略、版本等,确认没问题后,执行例 7-7 操作。

【例 7-7】 复制表文件到目的路径。

```
hadoop distcp hdfs://src-hadoop-address:9000/table_name   hdfs://dst-hadoop
-address:9000/table_name
```

下一步是检查目标集群表是否存在,如果不存在需要创建与原集群相同的表结构。创建了表结构后在目标集群上,加载表到线上,在官方 Load 是执行例 7-8 命令。

【例 7-8】 加载表指令。

```
hbase org.jruby.Main add_table.rb /hbase/data/default/test
```

在加载表时,可以用例 7-9 的命令来加载 Region 文件。

【例 7-9】 加载 Region 文件。

```
hbase org. apache. hadoop. hbase. mapreduce. LoadIncrementalHFiles - Dhbase.
mapreduce.bulkload.max.hfiles.perRegion.perFamily=1024 hdfs://dst-hadoop-
address:9000/tmp/region-hdfs-path/region-name   table_name
```

这一步中用到一个参数 hbase. mapreduce. bulkload. max. hfiles. perRegion. perFamily,这表示在 bulkload 过程中,每个 Region 列族的 HFile 数的上限,通常限定为 1024,也可以指定更少,根据实际需求来定。

同步过程中可以开多线程并发同步文件以加快同步速度。这种方法要根据文件实际数据量和机器内存决定。

第 **8** 章

键值数据库与Redis

键值数据库是 NoSQL 数据库的一种,它使用简单的键值方法来存储数据。键值数据库将数据以键值对形式存储,键和值都可以是从简单对象到复杂复合对象的任何内容。键值数据库是高度可分区的,并且可以大规模地进行水平扩展。本章将以 Redis 数据库为例介绍键值数据库。

Redis 是键值数据库的典型代表,它是一个开源的、高性能的、基于键值对的非关系数据库,可以存储键(Key)和 5 种不同类型的值(Value)之间的映射(Mapping),来适应不同场景下的缓存与存储需求,可以将存储在内存的键值对持久化到硬盘,且可以使用复制特性来扩展读性能,还可以使用客户端分片来拓展写性能。同时,Redis 的诸多高级功能使其开源胜任消息队列、任务队列等角色。

本章将对 Redis 数据库的操作进行介绍,并简单讲解如何使用 Java 语言操作 Redis 数据库。

8.1 Redis 简介

8.1.1 Redis 特性

Redis 基于内存运行,性能高效。Redis 数据库中所有的数据都存储在内存中,由于内存的读写速度远快于硬盘,因此 Redis 在性能上对比其他基于硬盘存储的数据库有非常明显的优势。在官方给出的结果中,Redis 在英特尔(R)至强(R)CPU E5520 @ 2.27GHz 机器上,读和写的速度均可达到 120 000 次/秒。Redis 是用 C 语言实现的,因此执行速度相对会更快。

虽然将数据存储在内存中有易丢失的风险,但 Redis 提供了对持久化的支持,可以将内存中的数据异步写入到硬盘中,同时不影响继续提供服务。

Redis可以为每个键设置生存时间(Time To Live,TTL),生存时间到期后,键会自动被删除。这一功能配合出色的性能使得Redis可以作为缓存系统来使用。同时,作为缓存系统,Redis还可以限定数据占用的最大内存空间,在数据达到空间限制后可以按照一定的规则自动淘汰不需要的键。

Redis的所有操作都是原子性的,同时Redis还支持对几个操作合并的原子性执行。意思就是要么成功执行要么失败完全不执行。原子操作指不会被线程调度机制打断的操作;这种操作一旦开始,就一直运行到结束,中间不会被切换到另一个线程(切换线程可能会带来同步问题)。

Redis的数据类型丰富,它不仅支持字符串(String)类型的数据,还支持列表(List)、集合(Set)、有序集合(Sorted Set)、散列(Hash)的存储等。Redis的键值对形式的存储结构与常见的MySQL等关系数据库的存储结构有很大的差异。

Redis可以通过redis-cli使用命令语句进行操作,例如,在Redis中设置键为hello、值为redis和读取键为hello的命令如例8-1所示。

【例8-1】 在Redis设置键为hello、值为redis和读取键为hello的命令。

```
127.0.0.1:6379> set hello "redis"
127.0.0.1:6379> get hello
```

Redis简单稳定。它使用单线程模型,这样不仅使得Redis服务端处理模型变得简单,而且也使得客户端开发变得简单。另外,它不需要依赖于操作系统中的类库(例如MemCache需要依赖libevent这样的系统类库),Redis自己实现了事件处理的相关功能。虽然Redis很简单,但是不代表它不稳定。以作者维护的上千个Redis为例,没有出现过因为Redis自身bug而出现错误的情况。

另外,Redis支持分布式,理论上可以无限扩展。Redis也支持发布与订阅,主从复制、持久化、脚本(存储过程)。

8.1.2 Redis使用场景

Redis的功能强大,可用于很多场景。

1. 缓存

Redis最常见的使用场景即缓存。由于Redis访问速度快、支持的数据类型比较丰富,所以很适合用来存储热点数据,将频繁访问的数据放入内存,而非每次对数据库进行读操作。另外也可以设置过期时间然后再进行缓存更新操作。例如,用户在登录或注册时,Redis可用于存储验证码。

2. 计数器

Redis可以实现原子性的递增,所以可以运用于高并发的秒杀活动、分布式序列号的生成等。在秒杀活动中,为了保证数据时效,执行一些操作时,每次都需要完成对某些数据的自增,当并发量巨大时,如果每次都请求数据库操作无疑是一种挑战和压力。Redis

提供的自增命令为内存操作,性能好,适用于这些计数场景。

3. 排行榜

关系数据库在排行榜方面查询速度普遍偏慢,所以可以借助 Redis 的有序集合进行热点数据的排序。

4. 分布式锁

在很多互联网公司中都使用了分布式技术,分布式技术带来的技术挑战是对同一个资源的并发访问,如全局 ID、减库存、秒杀等场景。并发量不大的场景可以使用数据库的悲观锁、乐观锁来实现,但在并发量高的场合中,利用数据库锁来控制资源的并发访问是不太理想的,大大影响了数据库的性能。可以利用 Redis 的 Setnx 功能来编写分布式的锁。

5. 消息队列

Redis 的流数据类型提供了类似 Kafka 的消息队列,允许消费者以阻塞的方式等待生产者向流中发送的新消息。

8.2　Redis 的安装与配置

安装 Redis 是学习 Redis 的第一步。Redis 约定次版本号(即第一个小数点后的数字)为偶数的版本是稳定版(如 2.8、3.0),奇数版本是非稳定版(如 2.7、2.9),生产环境下建议使用稳定版。

8.2.1　下载和安装 Redis

对于 POSIX 系统,例如 Linux、OS X 和 BSD 等,可下载 Redis 源代码编译安装以获得最新的稳定版本。Redis 最新的稳定版本源代码可以从 http://download.redis.io/redis-stable.tar.gz 下载。下载、解压、编译、安装的命令如下。

```
$ wget http://download.redis.io/redis-stable.tar.gz
$ tar xzf redis-stable.tar.gz
$ cd redis-stable
$ make
$ make install
```

另外,也可以使用包管理器进行安装。请注意:使用以下命令安装的 Redis 可能不是最新版本,建议使用上述命令安装。

对于使用 apt 作为包管理器的系统(如 Ubuntu),可使用如下命令安装。

```
$ sudo apt-get update
$ sudo apt-get install redis-server
```

对于使用 yum 作为包管理器的系统(如 Cent OS),可使用如下命令安装。

```
$ yum install redis
```

若要安装最新版本,需要安装 Remi 的软件源,官网地址为 http://rpms.famillecollet.com/,命令如下。

```
$ yum install - y http://rpms.famillecollet.com/enterprise/remi - release -
7.rpm
$ yum --enablerepo=remi install redis
```

对于使用 HomeBrew 作为包管理器的系统(如 OS X),可使用如下命令安装。

```
$ brew install redis
```

Redis 官方不支持 Windows,因此不推荐在 Windows 上使用 Redis。2011 年,微软向 Redis 提交了一个补丁,以使 Redis 可以在 Windows 下编译运行,但是被 Redis 拒绝了,原因是在服务器领域上 Linux 已经得到了广泛的应用,让 Redis 能在 Windows 下运行相比而言显得不那么重要;并且 Redis 使用了如写时复制等很多操作系统相关的特性,兼容 Windows 会耗费太大的精力而影响 Redis 其他功能的开发。但是,Redis 社区提供了非官方版的 Redis for Windows,可以在 https://github.com/tporadowski/redis/releases 中找到,下载最新的 msi 版本,并运行,即可完成对 Redis 的安装。

8.2.2 启动和停止 Redis

安装 Redis 后,需要先启动它才可以进一步操作。

在这之前,首先需要了解 Redis 包含的可执行文件都有哪些,表 8-1 中列出了这些程序的名称及对应的说明,如果已经添加了环境变量(使用 POSIX 系统按 8.2.1 节中的命令安装均会自动添加环境变量,但 Windows 可能需要手动添加)可直接在终端输入程序名称,若未添加环境变量则需要先进入 Redis 目录再输入程序名称。

表 8-1 Redis 可执行文件说明

文 件 名	说 明
redis-server	Redis 服务器
redis-cli	Redis 命令行工具
redis-benchmark	Redis 性能测试工具
redis-check-aof	AOF 文件修复工具
redis-check-dump	RDB 文件检查工具
redis-sentinel	Sentinel 服务器

最常用的两个程序是 redis-server 和 redis-cli,其中,redis 是 Redis 的服务器,运行它

即可启动 Redis；redis-cli 是 Redis 的命令行工具，可以对 Redis 进行各种各样的操作。

1. 直接启动

执行命令"＄ redis-server"即可启动 Redis，也可以使用 nohup 命令在后台运行。

Redis 服务器默认会使用 6379 端口，通过--port 参数可以自定义端口号：redis-server --port 6380。

成功启动 Redis 的界面如图 8-1 所示。

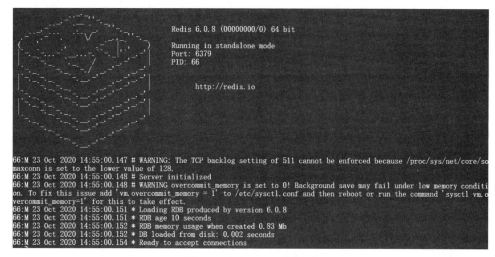

图 8-1　启动 Redis 的界面

2. 通过指定配置文件启动

可以为 Redis 服务启动指定配置文件，例如，配置为/etc/redis/6379.conf。

执行命令"redis-server /etc/redis/6379.conf"即可使用/etc/redis/6379.conf 作为配置文件启动 Redis。

3. 使用 Redis 启动脚本设置开机自启动

本方法主要针对 POSIX 系统，Windows 中 Redis 在安装时会自动添加服务项，并在开机时启动，若未成功添加，也可手动添加开机启动项。

启动脚本 redis_init_script 位于 Redis 源码的 utils 目录下名为 redis_init_script 的脚本文件中，内容如例 8-2 所示。

【例 8-2】 redis_init_script 脚本文件。

```
REDISPORT=6379                              #Redis 服务器监听的端口
EXEC=/usr/local/bin/redis-server            #服务端所处位置
CLIEXEC=/usr/local/bin/redis-cli            #客户端位置


PIDFILE=/var/run/redis_${REDISPORT}.pid     #Redis 的 PID 文件位置,需要修改
```

```
CONF="/etc/redis/${REDISPORT}.conf"
                        #Redis 的配置文件位置,需将${REDISPORT}修改为文件名

case "$1" in
    start)
        if [ -f $PIDFILE ]
        then
                echo "$PIDFILE exists, process is already running or crashed"
        else
                echo "Starting Redis server..."
                $EXEC $CONF
        fi
        ;;
    stop)
        if [ ! -f $PIDFILE ]
        then
                echo "$PIDFILE does not exist, process is not running"
        else
                PID=$(cat $PIDFILE)
                echo "Stopping ..."
                $CLIEXEC -p $REDISPORT shutdown
                while [ -x /proc/${PID} ]
                do
                    echo "Waiting for Redis to shutdown ..."
                    sleep 1
                done
                echo "Redis stopped"
        fi
        ;;
    *)
        echo "Please use start or stop as first argument"
        ;;
esac
```

根据启动脚本,需要配置 Redis 的运行方式和持久化文件、日志文件的存储位置等,具体步骤如下。

(1) 配置初始化脚本。首先将初始化脚本复制到/etc/init.d 目录中,文件名为 redis_端口号,其中,端口号表示让 Redis 监听的端口号,客户端通过该端口连接 Redis,然后修改脚本文件中 REDISPORT 变量的值为同样的端口号。

(2) 建立/etc/redis 文件夹用于存放 Redis 的配置文件(可使用 mkdir 命令),建立/var/redis/端口号文件夹用于存放 Redis 的持久化文件。

(3) 修改配置文件。首先将 redis 目录下的 redis.conf 复制到/etc/redis/端口号.

conf,并进行修改,需要修改的参数列表如表8-2所示。

表 8-2 需要修改的配置及说明

参 数	值	说 明
demonize	yes	使 Redis 以守护进程模式运行
pidfile	/var/run/redis_端口号.pid	设置 Redis 的 PID 文件位置
port	端口号	设置 Redis 监听的端口号
dir	/var/redis/端口号	设置持久化文件的存放位置

现在就可以使用/etc/init.d/redis_端口号 start 来启动 Redis 了,可执行"sudo update-rc.d redis_端口号 defaults"使 Redis 随系统自动启动。

当 Redis 正在将内存的数据同步到硬盘时,强行终止 Redis 进程有可能会导致数据丢失。通过 redis-cli 发送关闭命令"redis-cli shutdown"即可正确停止 Redis。

当 Redis 收到关闭命令后,会先断开所有客户端连接,然后根据配置执行持久化操作,最后退出。

Redis 可以妥善处理 SIGTERM 信号,使用 kill Redis 进程 PID 也可以正常退出 Redis,效果与发送关闭命令相同。

8.2.3 使用 redis-cli 连接到 Redis

使用 redis-cli 命令即可连接到 Redis,如果想连接至其他服务器或其他端口,可通过例 8-3 命令完成。

【例 8-3】 使用 redis-cli 命令连接到其他服务器或端口。

```
$ redis-cli -h 127.0.0.1 -p 6379 [command]
```

其中,-h 和-p 后面分别填写 IP 地址和端口号。可在 redis-cli 命令后添加其他命令,以使 Redis 直接执行,如果想进入交互模式,则无须附带参数。

Redis 提供了 PING 命令来测试客户端的连接是否正常,如果正常连接会收到回复 PONG。具体代码如例 8-4 所示。

【例 8-4】 用 PING 命令来测试客户端的链接是否正常。

```
$ redis-cli PING
PONG

$ redis-cli
127.0.0.1:6379> PING
PONG
127.0.0.1:6379> ECHO "Hello Redis!"
"Hello Redis!"
```

8.2.4 获取服务器信息

Redis 的 info 命令可以以一种易于解释且易于阅读的格式,返回关于 Redis 服务器的各种信息和统计数值,也可以通过给定的参数,只返回某一部分的信息。使用 info 命令返回的信息如例 8-5 所示。

【例 8-5】 使用 info 命令返回的信息。

```
127.0.0.1:6379> info
#Server 服务器相关信息
redis_version:6.0.8                       #Redis 服务器版本
redis_git_sha1:00000000
redis_git_dirty:0
redis_build_id:10442eda66c31c63
redis_mode:standalone          #Redis 运行模式,分为 standalone、sentinel 和 cluster
os:Linux 5.4.0-1017-aws x86_64        #Redis 服务器的宿主操作系统
arch_bits:64                          #32 或 64 位架构
multiplexing_api:epoll                #事件循环机制
atomicvar_api:atomic-builtin
gcc_version:9.3.0
process_id:304029                     #Redis 进程 ID
run_id:d9a2dd77321a631b894c2360512731471e56297f  #Redis 服务器的标识码
tcp_port:6379                         #端口号
uptime_in_seconds:2150052             #运行时间
uptime_in_days:24                     #运行天数
hz:10
configured_hz:10
lru_clock:8054164
executable:/usr/local/bin/redis-server
config_file:/etc/redis/redis.conf  #配置文件路径
io_threads_active:0

#Clients 集群相关信息
connected_clients:2
client_recent_max_input_buffer:2
client_recent_max_output_buffer:0
blocked_clients:0
tracking_clients:0
clients_in_timeout_table:0

#Memory 内存相关信息
used_memory:199986224                 #Redis 使用内存分配器得到的总内存
used_memory_human:190.72M
used_memory_rss:214249472             #Redis 分配的内存数(如用 top、ps 等指令得到的结果)
```

```
used_memory_rss_human:204.32M
used_memory_peak:200057928                #Redis使用的峰值内存
used_memory_peak_human:190.79M
used_memory_peak_perc:99.96%              #峰值内存相对于使用内存的百分数
used_memory_overhead:59784844            #用于管理内部数据结构的所有开销的总字节数
used_memory_startup:803016               #Redis启动时消耗的初始内存量(以字节为单位)
used_memory_dataset:140201380            #存储数据内存
used_memory_dataset_perc:70.39%
allocator_allocated:199976312
allocator_active:204197888
allocator_resident:212750336
total_system_memory:16596942848
total_system_memory_human:15.46G
used_memory_lua:37888
used_memory_lua_human:37.00K
used_memory_scripts:0
used_memory_scripts_human:0B
number_of_cached_scripts:0
maxmemory:200000000
maxmemory_human:190.73M
maxmemory_policy:allkeys-lru
allocator_frag_ratio:1.02
allocator_frag_bytes:4221576
allocator_rss_ratio:1.04
allocator_rss_bytes:8552448
rss_overhead_ratio:1.01
rss_overhead_bytes:1499136
mem_fragmentation_ratio:1.07
mem_fragmentation_bytes:14346816
mem_not_counted_for_evict:0
mem_replication_backlog:0
mem_clients_slaves:0
mem_clients_normal:33972
mem_aof_buffer:0
mem_allocator:jemalloc-5.1.0
active_defrag_running:0
lazyfree_pending_objects:0

#Persistence持久化相关信息
loading:0
rdb_changes_since_last_save:6676148
rdb_bgsave_in_progress:0
rdb_last_save_time:1599739632
```

```
rdb_last_bgsave_status:ok
rdb_last_bgsave_time_sec:-1
rdb_current_bgsave_time_sec:-1
rdb_last_cow_size:0
aof_enabled:0
aof_rewrite_in_progress:0
aof_rewrite_scheduled:0
aof_last_rewrite_time_sec:-1
aof_current_rewrite_time_sec:-1
aof_last_bgrewrite_status:ok
aof_last_write_status:ok
aof_last_cow_size:0
module_fork_in_progress:0
module_fork_last_cow_size:0

#Stats 统计信息
total_connections_received:176302       #收到的连接总数
total_commands_processed:16347156       #处理的请求总数
instantaneous_ops_per_sec:4             #当前每秒处理的请求数
total_net_input_bytes:1356193784        #从网络收到的字节数
total_net_output_bytes:249230757        #向网络发送的字节数
instantaneous_input_kbps:0.37           #当前每秒从网络收到的字节数
instantaneous_output_kbps:0.05          #当前每秒向网络发送的字节数
rejected_connections:0
sync_full:0
sync_partial_ok:0
sync_partial_err:0
expired_keys:44617                      #过期的 key 总数(非精确数字)
expired_stale_perc:0.00                 #过期的 key 百分数(非精确数字)
expired_time_cap_reached_count:0
expire_cycle_cpu_milliseconds:60550
evicted_keys:325340
keyspace_hits:3819741
keyspace_misses:1722388
pubsub_channels:0
pubsub_patterns:0
latest_fork_usec:0
migrate_cached_sockets:0
slave_expires_tracked_keys:0
active_defrag_hits:0
active_defrag_misses:0
active_defrag_key_hits:0
active_defrag_key_misses:0
```

```
tracking_total_keys:0
tracking_total_items:0
tracking_total_prefixes:0
unexpected_error_replies:0
total_reads_processed:16514188
total_writes_processed:16502593
io_threaded_reads_processed:0
io_threaded_writes_processed:0


#Replication 备份相关信息
role:master
connected_slaves:0
master_replid:91703201ead682565210bb53edb8dbbf7cd86e62
master_replid2:0000000000000000000000000000000000000000
master_repl_offset:0
second_repl_offset:-1
repl_backlog_active:0
repl_backlog_size:1048576
repl_backlog_first_byte_offset:0
repl_backlog_histlen:0


#CPU 相关信息
used_cpu_sys:1467.038281                    #Redis 占用的系统 CPU
used_cpu_user:9839.883449                   #Redis 占用的用户 CPU
used_cpu_sys_children:0.000000
used_cpu_user_children:0.000000


#Modules 包含已加载的其他模块信息


#Cluster 集群相关信息
cluster_enabled:0


#Keyspace 包含每个数据库的主词典统计信息,内容为键的数量
db0:keys=1054258,expires=8,avg_ttl=820537149854
```

8.3　Redis 数据结构与应用场景

Redis 的数据类型有字符串、列表、集合、有序集合、散列、位图、日志、流。

（1）字符串（String）：字符串类型是 Redis 中最基本的数据类型,它能存储任何形式的字符串,包括二进制数据。可以用它存储用户的邮箱、JSON 化的对象甚至是一张图片,一个字符串类型键允许存储的数据的最大容量是 512MB。Redis 的字符串是二进制安全的。

（2）列表（List）：列表类型是根据插入顺序排序的字符串元素的集合，本质上是双向链表。常用的操作是向列表两端添加元素，或者获得列表的某一个字段。

（3）集合（Set）：集合类型是未排序的字符串元素的集合，其中每个元素都是唯一的。

（4）有序集合（Sorted Set）：与集合类似，但每个字符串元素都与一个称为 score 的浮点值相关，元素按它们的 score 排序，适合用于检索一系列元素。

（5）散列（Hash）：散列类型是由与值相关联的字段组成的映射，字段和值都是字符串。Redis 是采用字典结构以键值对的形式存储数据的，而散列类型也是一种字典结构，其存储了字段和字段值的映射，但字段值只能是字符串，不支持其他的数据类型。也就是说，散列不能嵌套其他的数据类型。

（6）位图（Bitmap）：位图是可以使用特殊命令像位数组一样处理字符串值，例如，设置和清除单个位、计数所有设置为 1 的位、找到第一个设置或未设置的位等。

（7）日志（HyperLogLog）：日志是一个概率数据结构，用于估计集合的基数。

（8）流（Stream）：流是随 Redis 5.0 引入的新数据类型，它以更抽象的方式对日志数据结构进行建模，但是日志的本质仍然完好无损：就像日志文件一样，通常实现为仅在追加模式下打开的文件，Redis 流主要是仅追加数据结构。至少从概念上讲，由于 Redis 是流式传输在内存中表示的抽象数据类型，因此它们实现了更强大的操作，以克服日志文件本身的限制。

8.3.1 字符串操作

字符串是其他几种数据类型的基础，从某种角度来看，其他数据类型和字符串类型的差别只是组织字符串的形式不同。例如，列表类型是以列表的形式组织字符串，而集合类型是以集合的形式组织字符串。

1. 赋值与取值

Redis 中的 SET 和 GET 命令如例 8-6 所示。

【例 8-6】 Redis 中的 SET 和 GET 命令。

```
SET key value
GET key
```

SET 和 GET 是 Redis 中最简单的两个命令，它们实现的功能和编程语言中的读写变量相似，如 key = "Hello"在 Redis 中如例 8-7 所示。

【例 8-7】 key = "Hello"在 Redis 的表示。

```
127.0.0.1:6379> set key Hello
OK
127.0.0.1:6379> get key
"Hello"
127.0.0.1:6379> get null
(nil)
```

当键不存在时会返回空结果。Redis 字符串值存在覆盖操作;对一个已经设置了值的字符串再执行 SET 命令时将导致键的旧值会被新值覆盖。

从 Redis 2.6.12 版本开始,用户可以通过 SET 命令提供可选参数 NX(不覆盖已存在的,不存在自动创建)选项或者 XX(覆盖已存在的,但键不存在时不会自动创建)选项来指示 SET 命令是否覆盖已存在的值。具体指令和示例如例 8-8 所示。

【例 8-8】 选择选项来指示 SET 命令是否覆盖已存在的值。

```
set key value [NX|XX]
127.0.0.1:6379> set key hello NX
(nil)
127.0.0.1:6379> set key Hello XX
OK
127.0.0.1:6379> set string hello XX
(nil)
127.0.0.1:6379> set string hello NX
OK
```

在例 8-8 的示例中,使用"set key hello NX"指令如果已经存在 key,则不执行覆盖操作,提示失败,如果不存在 key,则执行创建操作。使用"set key Hello XX"指令如果存在 key,执行覆盖操作,如果不存在 key 则直接提示失败。

GETSET 命令可以获取旧值并更新新值,就像 GET 与 SET 的组合版本,首先获取字符串键已有的值,接着为键设置新值,最后把之前旧值返回给用户。具体示例如例 8-9 所示。

【例 8-9】 GETSET 命令。

```
GETSET key value
127.0.0.1:6379> getset key hello
"Hello"
```

如果被设置的键不存在于数据库,那么 GETSET 命令将返回空作为键的旧值。

此外,Redis 还有更多对字符串的赋值与取值操作,如 MSET、MGET、STRLEN、GETRANGE、SETRANGE、APPEND 等,用法如例 8-10 所示。

【例 8-10】 Redis 对字符串的赋值与取值的操作。

```
#MSET 可一次为多个字符串设置值 MSET key value [key value …]
127.0.0.1:6379> mset a "A" b "B" c "C"
OK
#MGET 可一次获得多个字符串键的值 MGET key [key …]
127.0.0.1:6379> mget a b c d
1) "A"
2) "B"
3) "C"
4) (nil)
```

2. 判断字段是否存在

EXISTS 可以用于判断一个字段是否存在,会返回存在字段的数量。具体示例如例 8-11 所示。

【例 8-11】　用 EXISTS 判断一个字段是否存在并返回存在字段的数量。

```
EXISTS key [key …]
127.0.0.1:6379> exists a
(integer) 1
127.0.0.1:6379> exists a b
(integer) 2
127.0.0.1:6379> exists d
(integer) 0
```

3. 递增数字

当 Redis 存储的字符串是整数形式时,Redis 提供了一个命令 INCR,可以让当前键的值递增,并返回递增后的值,用法如例 8-12 所示。

【例 8-12】　INCR 指令。

```
INCR key
127.0.0.1:6379> incr num
(integer) 1
127.0.0.1:6379> incr num
(integer) 2
127.0.0.1:6379> incr a
(error) ERR value is not an integer or out of range
```

在例 8-12 中可以看到,当操作的键不存在时,Redis 会初始化键值为 0;当键值不是整数时,Redis 会提示错误。

类似地,还有可以执行自减操作的 decr,可以对键减 1,以及 incrby、decrby,可对浮点数操作的 incrbyfloat。具体如例 8-13 所示。

【例 8-13】　decr、incrby、decrby 和 incrbyfloat 指令。

```
#DECR 可执行自减操作    DECR key
127.0.0.1:6379> decr num
(integer) 1
#INCRBY 可自定义增加数量    INCRBY key increment
127.0.0.1:6379> incrby num 2
(integer) 3
#DECRBY 可自定义减少数量    DECRBY key increment
127.0.0.1:6379> decrby num 3
```

```
(integer) 0
#INCRBYFLOAT 可对浮点数自定义增加数量  INCRBYFLOAT key increment
127.0.0.1:6379> incrbyfloat num 1.1
"1.10000000000000009"
```

在 Redis 中,不需要担心多个 Redis 连接同时修改一个值带来的竞态问题,因为
Redis 执行的命令都是原子操作。

4. 获取长度

STRLEN 可以获取字符串值的字节长度。GETRANGE 可以根据指定索引获取字
符串。SETRANGE 可以根据指定索引修改字符串,并返回字符串长度,offset 表示从哪
个字符开始替换。APPEND 可在字符串后追加内容,并返回字符串长度。这些指令的使
用方法如例 8-14 所示。

【例 8-14】 STRLEN、GETRANGE、SETRANGE 和 APPEND 指令。

```
STRLEN key
127.0.0.1:6379> strlen key
(integer) 5
127.0.0.1:6379> strlen null
(integer) 0

GETRANGE key start end
127.0.0.1:6379> getrange key 1 3
ell
127.0.0.1:6379> getrange key -3 -1
llo

SETRANGE key offset value
127.0.0.1:6379> setrange key 1 abc
(integer) 5
127.0.0.1:6379> get key
"habco"

APPEND key suffix
127.0.0.1:6379> append key redis
(integer) 10
127.0.0.1:6379> get key
"habcoredis"
```

5. 删除字段

使用 DEL 命令即可删除字段,返回值表示成功删除的数量。DEL 的用法如例 8-15

所示。

【例 8-15】 DEL 命令。

```
DEL key [key …]
127.0.0.1:6379> del num
(integer) 1
127.0.0.1:6379> del num
(integer) 0
```

8.3.2 散列操作

散列类型适合存储对象,一个散列类型键可以包含至多 $2^{31}-1$ 个字段。

1. 赋值与取值

HSET 命令可用于给字段赋值,HGET 可以用来获得字段的值。对于给定的字段是否在散列中,HSET 命令的行为会有所不同。如果给定字段不在散列中,那么这次设置是一次创建操作,命令将会在散列里面关联起给定的字段和值,然后返回 1;如果给定的字段原本存在于散列里面,那么这次设置就是一次更新操作,命令会将用户给定的新值去覆盖掉原有的旧值,然后返回 0。HSET 和 HGET 命令的用法如例 8-16 所示。

【例 8-16】 HSET 命令和 HGET 命令。

```
HSET key field value
HGET key field
127.0.0.1:6379> hset car price 500
(integer) 1
127.0.0.1:6379> hset car color white
(integer) 1
127.0.0.1:6379> hget car color
"white"
```

当需要同时设置多个字段或获取多个字段时,可以使用 HMSET 和 HMGET。具体示例如例 8-17 所示。

【例 8-17】 HMSET 命令和 HMGET 命令。

```
HMSET key field value [field value …]
HGET key field [field …]
127.0.0.1:6379> hmset car price 100 name automobile
OK
127.0.0.1:6379> hmget car price color name
1) "100"
2) "white"
3) "automobile"
```

如果想获取键中所有字段和字段值,可以使用 HGETALL 命令,返回内容是字段和字段值组成的列表。HGETALL 命令的用法示例如例 8-18 所示。

【例 8-18】 HGETALL 命令。

```
HGETALL key
127.0.0.1:6379> hgetall car
1) "price"
2) "100"
3) "color"
4) "white"
5) "name"
6) "automobile"
```

另外,HKEYS 可以只获取所有字段名,HVALS 可以获取所有字段值。

与字符串操作类似,哈希操作也有只在字段不存在的情况下为它设置值的命令,即 HSETNX。HSETNX 命令的用法如例 8-19 所示。

【例 8-19】 HSETNX 命令。

```
HSETNX key field value
127.0.0.1:6379> hsetnx car name 1
(integer) 0
127.0.0.1:6379> hsetnx car 1 1
(integer) 1
这里 0 表示失败,1 表示成功执行。
```

2. 判断字段是否存在

HEXISTS 可以用于判断一个字段是否存在,如果存在则返回 1,否则返回 0。HEXISTS 命令的用法如例 8-20 所示。

【例 8-20】 HEXISTS 命令。

```
HEXISTS key field
127.0.0.1:6379> hexists car name
(integer) 1
127.0.0.1:6379> hexists car model
(integer) 0
127.0.0.1:6379> hexists bus name
(integer) 0
```

3. 递增数字

散列类型没有 HINCR 命令,但是可以通过 HINCRBY 命令使字段值增加指定的整数增量,并返回增量后的值。当键不存在时,该命令会自动初始化值为 0。HINCRBY 命令的用法如例 8-21 所示。

【例 8-21】 HINCRBY 命令。

```
HINCRBY key field increment
127.0.0.1:6379> hincrby car 1 -2
(integer) -1
```

HINCRBYFLOAT 命令的作用与 HINCRBY 命令类似，它们之间主要的区别在于 HINCRBYFLOAT 不仅可以使用整数作为增量，还可以使用浮点数作为增量。 HINCRBYFLOAT 命令的用法如例 8-22 所示。

【例 8-22】 HINCRBYFLOAT 命令。

```
HINCRBYFLOAT key field increment
127.0.0.1:6379> hincrbyfloat car 1 1.5
"0.5"
```

4. 获取长度

HSTRLEN 可用于获取字段的长度，与 STRLEN 类似。HSTRLEN 命令的用法如例 8-23 所示。

【例 8-23】 HSTRLEN 命令。

```
HSTRLEN key field
127.0.0.1:6379> hstrlen car name
(integer) 10
```

HLEN 可用于获取散列的字段数量。HLEN 命令的用法如例 8-24 所示。

【例 8-24】 HLEN 命令。

```
HLEN key
127.0.0.1:6379> hlen car
(integer) 4
```

5. 删除字段

HDEL 命令可以删除一个或多个字段，返回被删除的字段个数。HDEL 命令的用法如例 8-25 所示。

【例 8-25】 HDEL 命令。

```
HDEL key field [field …]
127.0.0.1:6379> hdel car name color
(integer) 2
```

```
127.0.0.1:6379> hdel car name color
(integer) 0
```

8.3.3　列表操作

列表用于存储一个有序的字符串列表,它的双向链表结构使得向列表两端添加元素的时间复杂度是 $O(1)$,获取越接近两端的元素就越快。但使用链表的代价是通过索引访问元素的速度较慢。

这种特性使列表类型能非常快速地完成关系数据库难以应付的场景:如社交网站的新鲜事,使用列表类型存储,即使新鲜事的总数达到几千万个,获取其中最新的 100 条数据也是非常快的。列表类型也适合用来记录日志,可以保证加入新日志的速度不会受到已有日志数量的影响。

与散列类型键能够最多容纳的字段数量相同,一个列表类型键最多能容纳 $2^{31}-1$ 个元素。

1. 向列表添加元素

LPUSH 命令可以在列表左边增加元素、RPUSH 命令可以在列表右边增加元素,返回值表示增加元素后列表的长度。推入操作完成后,会返回增加元素后列表的长度。LPUSH 命令和 RPUSH 命令的用法如例 8-26 所示。

【例 8-26】　LPUSH 命令和 RPUSH 命令。

```
LPUSH key element [element …]
RPUSH key element [element …]
127.0.0.1:6379> lpush todo "buy some milk"
(integer) 1
127.0.0.1:6379> lpush todo "go to school"
(integer) 2
127.0.0.1:6379> rpush todo "do homework" "watch tv"
(integer) 4
LPUSHX key element [element ...]
RPUSHX key element [element ...]
127.0.0.1:6379> rpushx list 1
(integer) 0
```

在例 8-26 中要注意,LPUSHX 和 RPUSHX 只对已存在的列表执行推入操作,如果存在则返回增加元素后列表的长度,失败返回 0。

LSET 可以为指定索引设置新元素。其用法如例 8-27 所示。

【例 8-27】　LSET 命令。

```
LSET key index element
127.0.0.1:6379> lset todo 0 "buy some apples"
OK
```

2. 弹出列表元素

LPOP 和 RPOP 可以弹出列表的最左、右端元素,并返回给用户。如果列表为空或不存在,则会返回空值。LPOP 命令和 RPOP 命令的用法如例 8-28 所示。

【例 8-28】 LPOP 命令和 RPOP 命令。

```
LPOP key
RPOP key
127.0.0.1:6379> lpop todo
"go to school"
127.0.0.1:6379> rpop todo
"watch tv"
127.0.0.1:6379> lpop list
(nil)
```

列表可以模拟栈和队列的操作,如果将 LPUSH、LPOP 或 RPUSH、RPOP 搭配使用,可以模拟栈;如果将 LPUSH、RPOP 或 RPUSH、LPOP 搭配使用,则可以模拟栈。

RPOPLPUSH 可以将右端弹出的元素推入左端,这个命令可以将源列表的最右端元素弹出,然后将被弹出的元素推入目标列表最左端,使之成为目标列表的最左端元素,并返回被弹出的元素。如果源列表不存在或为空,则操作失败。其中,source 和 destination 可以相同,也可以不同。RPOPLPUSH 命令的用法如例 8-29 所示。

【例 8-29】 RPOPLPUSH 命令。

```
RPOPLPUSH source destination
127.0.0.1:6379> RPOPLPUSH todo list
"do homework"
127.0.0.1:6379> RPOPLPUSH todo todo
"buy some apples"
127.0.0.1:6379> RPOPLPUSH nil todo
(nil)
```

3. 获取列表长度

LLEN 命令可以获取列表中元素的个数。其用法如例 8-30 所示。

【例 8-30】 LLEN 命令。

```
LLEN key
127.0.0.1:6379> LLEN todo
(integer) 1
```

Redis 的列表类型有一个专门的字段存储列表的长度,当获取长度时,会直接返回该值,而非遍历一遍统计列表的长度,这种操作是非常高效的。

4. 获取列表片段

LINDEX 可以获取指定位置上的元素。其用法如例 8-31 所示。

【例 8-31】　LINDEX 命令。

```
LINDEX key index
127.0.0.1:6379> lpush letters "a" "b" "c" "d"
(integer) 4
127.0.0.1:6379> lindex letters 2
"b"
127.0.0.1:6379> lindex letters -1
"a"
```

LRANGE 可以获取列表中的某一片段，返回索引从 start 到 stop 的所有元素。其用法如例 8-32 所示。

【例 8-32】　LRANGE 命令。

```
LRANGE key start stop
127.0.0.1:6379> lrange letters 0 2
1) "d"
2) "c"
3) "b"
```

LRANGE 会对超出范围的索引进行修正，根据实际范围进行获取。

8.3.4　集合操作

集合类型中每个元素是唯一的。与列表类型相同，集合存储的内容也是至多 $2^{31}-1$ 个字符串。集合类型在 Redis 内部是使用值为空的散列表实现的，所以这些操作的时间复杂度都是 $O(1)$。另外，集合还可以运行交集、并集、差集运算。

1. 向集合添加/删除元素

SADD 可以将元素添加到集合，返回成功添加的元素数量，如果元素已经存在则不添加。其用法如例 8-33 所示。

【例 8-33】　SADD 命令。

```
SADD key member [member ···]
127.0.0.1:6379> sadd fruit "apple" "banana"
(integer) 2
127.0.0.1:6379> sadd fruit "apple" "orange"
(integer) 1
```

SREM 可以从集合中移除元素，返回成功移除的元素数量。其用法如例 8-34 所示。

【例 8-34】 SREM 命令。

```
SREM key member [member …]
127.0.0.1:6379> srem fruit "orange"
(integer) 1
```

SMOVE 可以将一个集合的元素移动至另一个集合。其用法如例 8-35 所示。

【例 8-35】 SMOVE 命令。

```
SMOVE source destination member
127.0.0.1:6379> smove fruit food "banana"
(integer) 1
```

2. 获取集合中的元素

SMEMBERS 命令可以返回集合中的所有元素。其用法如例 8-36 所示。

【例 8-36】 SMEMBERS 命令。

```
SMEMBERS key
127.0.0.1:6379> smembers fruit
1) "apple"
```

SCARD 可以获取集合中包含元素的数量。其用法如例 8-37 所示。

【例 8-37】 SCARD 命令。

```
SCARD key
127.0.0.1:6379> scard fruit
(integer) 1
```

3. 判断元素是否在集合内

SISMENBER 可以检查给定的元素是否存在于集合里,返回 1 表示存在,0 表示不存在。这个操作的时间复杂度为 $O(1)$。其用法如例 8-38 所示。

【例 8-38】 SISMENBER 命令。

```
SISMEMBER key member
127.0.0.1:6379> sismember fruit "banana"
(integer) 0
```

4. 集合间运算

集合的主要运算有交、并和差,分别对应 SINTER、SUNION 和 SDIFF 三个命令。SINTER 可对多个集合执行交集运算。其用法如例 8-39 所示。

【例 8-39】　SINTER 命令。

```
SINTER key [key …]
127.0.0.1:6379> sadd c1 "a" "b" "c" "d"
(integer) 4
127.0.0.1:6379> sadd c2 "c" "d" "e" "f"
(integer) 4
127.0.0.1:6379> SINTER c1 c2
1) "d"
2) "c"
```

SUNION 可以对多个集合执行并集运算。其用法如例 8-40 所示。

【例 8-40】　SUNION 命令。

```
SUNION key [key …]
127.0.0.1:6379> sunion c1 c2
1) "a"
2) "e"
3) "c"
4) "d"
5) "b"
6) "f"
```

SDIFF 可以对多个集合执行差集运算。其用法如例 8-41 所示。

【例 8-41】　SDIFF 命令。

```
SDIFF key [key …]
127.0.0.1:6379> SDIFF c1 c2
1) "b"
2) "a"
```

除此之外,还有 SINTERSTOR、SUNIONSTORE 和 SDIFFSTORE 命令,可以将集合的运算结果存入另一个集合。这些指令的用法如例 8-42 所示。

【例 8-42】　SINTERSTOR、SUNIONSTORE 和 SDIFFSTORE 命令。

```
SINTERSTORE destination key [key …]
SUNIONSTORE destination key [key …]
SDIFFSTORE destination key [key …]
127.0.0.1:6379> SINTERSTORE c3 c1 c2
(integer) 2
```

8.3.5　Bitmap 操作

Bitmap 的妙用就是通过一个 bit 位来表示某个元素对应的值或者状态,其中的 key

就是对应元素本身。8个 bit 可以组成1个 Byte,所以 Bitmap 本身会极大地节省存储空间。

1. 设置 Bitmap

SETBIT 可以设置或者清空 key 的 value(字符串)在 offset 处的 bit 值。那个位置的 bit 要么被设置,要么被清空,这由值(只能是0或者1)来决定。当 key 不存在的时候,就创建一个新的字符串 value。

在使用这个命令时,要确保这个字符串大到在 offset 处有 bit 值。当 key 对应的字符串增大的时候,新增的部分 bit 值都是设置为0。这个命令会返回 offset 处原来的 bit 值。其用法如例8-43所示。

【例8-43】 SETBIT 命令。

```
SETBIT key offset value
127.0.0.1:6379> setbit mykey 7 1
(integer) 0
127.0.0.1:6379> setbit mykey 7 0
(integer) 1
```

2. 获取 Bitmap

GETBIT 可以返回 key 对应的 value 在 offset 处的 bit 值,当 offset 超出了字符串长度的时候,这个字符串就被假定为由0bit 填充的连续空间。当 key 不存在的时候,会返回0。其用法如例8-44所示。

【例8-44】 GETBIT 命令。

```
GETBIT key offset
127.0.0.1:6379> set mykey "abc"
OK
127.0.0.1:6379> getbit mykey 7
(integer) 1
```

3. 位元操作

BITCOUNT 可以用于统计字符串被设置为1的 bit 数。一般情况下,给定的整个字符串都会被进行计数,通过指定额外的 start 或 end 参数,可以让计数只在特定的位上进行。注意,这里的 start 和 end 并非指位(0或1),而是指一个字节。其用法如例8-45所示。

【例8-45】 BITCOUNT 命令。

```
BITCOUNT key [start end]
127.0.0.1:6379> bitcount mykey 0 1
```

```
(integer) 6
127.0.0.1:6379> bitcount mykey 0 0
(integer) 3
```

BITPOS 可以返回字符串里面第一个被设置为 1 或者 0 的 bit 位。BITOP 可以对一个或多个保存二进制位的字符串 key 进行位元操作,并将结果保存到 destkey 上。其用法如例 8-46 所示。

【例 8-46】 BITPOS 命令。

```
BITPOS key bit [start] [end]
127.0.0.1:6379> bitpos mykey 1
(integer) 1
BITOP operation destkey key [key …]

BITOP AND destkey key [key …]
BITOP OR destkey key [key …]
BITOP XOR destkey key [key …]
BITOP NOT destkey key
127.0.0.1:6379> bitop and dest key1 key2
(integer) 4
127.0.0.1:6379> get dest
"ab`d"

127.0.0.1:6379> bitop or dest key1 key2
(integer) 4
127.0.0.1:6379> get dest
"asgf"

127.0.0.1:6379> bitop xor dest key1 key2
(integer) 4
127.0.0.1:6379> get dest
"\x00\x11\a\x02"

127.0.0.1:6379> bitop not dest mykey
(integer) 3
127.0.0.1:6379> get dest
"\x9e\x9d\x9c"
```

在例 8-46 中可以看到,BITOP 命令支持 AND、OR、NOT、XOR 这四种操作中的任意一种参数。除了 NOT 操作之外,其他操作都可以接受一个或多个 key 作为输入。

(1) BITOP AND 可以对一个或多个 key 求逻辑并,并将结果保存到 destkey。

(2) BITOP OR 可以对一个或多个 key 求逻辑或,并将结果保存到 destkey。

(3) BITOP XOR 可以对一个或多个 key 求逻辑异或,并将结果保存到 destkey。

（4）BITOP NOT 可以对给定 key 求逻辑非，并将结果保存到 destkey。

8.4 使用 Java 操作 Redis

使用 Java 操作 Redis 需要先与 Redis 建立连接，之后通过命令操作 Redis。但是，这里推荐使用专门的连接开发工具进行操作，简单便捷。

Jedis 是一个非常小而简单的 Redis Java 客户端，被认为易于使用，且与 Redis 2.8.x/3.x.x 及更高版本完全兼容。

8.4.1　环境搭建

目前 Java 的主流集成开发环境（IDE）主要有 IDEA 和 Eclipse，这里选择使用 IDEA 来编写 Java 代码。

首先如图 8-2 所示打开 IDEA，选择 File → New → Project，选择 Java，并且不添加框架，单击 Next 按钮。

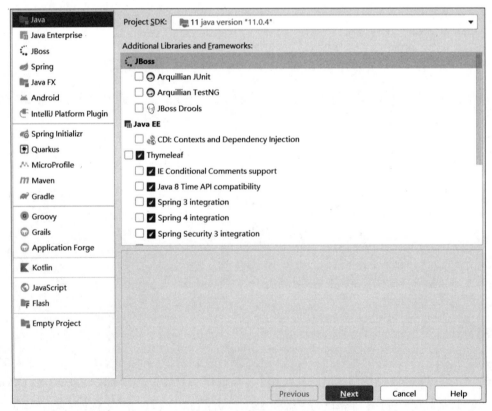

图 8-2　创建 Java 项目

接下来输入项目名"redis-sample"，单击 Finish 按钮即可成功创建项目。

进入项目后，可以看到目录下有一个 src 文件夹。此时，再手动创建一个 lib 文件夹，用于存放项目所依赖的 jar 包。在这里,导入 Jedis 相关的 jar 包。

https://mvnrepository.com/artifact/redis.clients/jedis 展示了 Jedis 的各个版本,可选择最新版,进入后单击 Files 中的 jar,下载 Jedis 的 jar 包。之后将下载好的文件复制到 lib 文件夹,在 IDEA 内对该文件右击选择 Add as Library...后单击 OK 按钮即可成功添加依赖。

之后测试连通性。

在 src 文件夹下创建一个名为 RedisConnect 的 Java 文件,添加如例 8-47 所示内容。

【例 8-47】 名为 RedisConnect 的 Java 文件内容。

```java
import redis.clients.jedis.Jedis;

public class RedisConnect {
    public static void main(String[] args) {
        Jedis jedis = new Jedis("127.0.0.1", 6379);
        System.out.print("Redis 服务正在运行: " + jedis.ping());
    }
}
```

运行,如果成功连接到 Redis,则会输出"Redis 服务正在运行: PONG"。

8.4.2 字符串操作

1. 设置、获取字符串的键值

在 src 内创建 RedisStringOperate.java 文件,用于编写 Java 操作 Redis 字符串的代码,具体如例 8-48 所示。

【例 8-48】 RedisStringOperate.java 文件。

```java
import redis.clients.jedis.Jedis;

public class RedisConnect {
    public static void main(String[] args) {
        Jedis jedis = new Jedis("127.0.0.1", 6379);
        jedis.set("hello", "redis");
        System.out.println(jedis.get("hello"));
        String oldValue = jedis.getSet("hello", "jedis");
        System.out.println(oldValue);
        System.out.println(jedis.get("hello"));
    }
}
```

尝试运行,会分别输出 redis、redis 和 jedis。

可以发现,Jedis 对一些 Redis 命令进行了封装,可以非常简单地调用。

2. 获取字符串的长度和字符串键指定索引范围的值

Jedis 通常将 Java 命令封装为和 Redis 命令相同的形式,如 strlen、getrange 等。修改 main 函数如例 8-49 所示。

【例 8-49】 修改 main 函数。

```
public static void main(String[] args) {
    Jedis jedis = new Jedis("127.0.0.1", 6379);
    jedis.set("hello", "redis");
    System.out.println(jedis.strlen("hello"));
    System.out.println(jedis.getrange("hello", 1, 3));
}
```

与在 redis-cli 内输入 strlen、getrange 无异,jedis.strlen 与 jedis.getrange 可以完成同样的任务。运行结果如图 8-3 所示。

```
5
edi

Process finished with exit code 0
```

图 8-3　获取字符串的长度和字符串键指定索引范围的值的结果

3. 在字符串值的末尾追加新内容

append 命令可以在字符串值的末尾追加新内容,修改 main 文件如例 8-50 所示。

【例 8-50】 修改 main 文件添加 append 命令。

```
public static void main(String[] args) {
    Jedis jedis = new Jedis("127.0.0.1", 6379);
    jedis.set("hello", "redis");
    System.out.println(jedis.append("hello", " 123"));
    System.out.println(jedis.get("hello"));
}
```

运行后,会分别输出追加内容后的长度和 hello 对应的值。在字符串值的末尾追加新内容的结果如图 8-4 所示。

```
9
redis 123

Process finished with exit code 0
```

图 8-4　在字符串值的末尾追加新内容的结果

4. 设置过期时间

Redis 的每个键都可以设置对应的过期时间，在 Jedis 内用 expire 表示，单位是 s。
编写 main 函数如例 8-51 所示。

【例 8-51】 编写 main 函数设置过期时间。

```
public static void main(String[] args) throws InterruptedException {
    Jedis jedis = new Jedis("127.0.0.1", 6379);
    jedis.set("hello", "redis");
    jedis.expire("hello", 10);
    Thread.sleep(15000);
    System.out.println(jedis.get("hello"));
}
```

运行后，经过 15s，会输出 null，意味着 hello 对应的值已经在 Redis 内过期。

8.4.3　散列操作

1. 赋值与取值

创建一个 RedisHashOperate.java 文件，用于编写 Java 操作 Redis 散列的代码，添加
赋值与取值的方法，如例 8-52 所示。

【例 8-52】 RedisHashOperate.java 文件添加赋值与取值的方法。

```
import redis.clients.jedis.Jedis;
import java.util.HashMap;

public class RedisHashOperate {
    public static void main(String[] args) {
        Jedis jedis = new Jedis("127.0.0.1", 6379);
        //可以直接设置值
        jedis.hset("car", "color", "white");
        //也可以使用 Map 的方式赋值
        HashMap<String, String> carMap = new HashMap<>();
        carMap.put("brand", "BMW");
        carMap.put("price", "500");
        jedis.hset("car", carMap);
        System.out.println(jedis.hgetAll("car"));
    }
}
```

这里使用了两种方式对散列进行赋值，一种与 redis-cli 的方法相同，另一种是使用
map。Jedis 对该方法进行了封装，以支持更多操作方式。赋值与取值结果如图 8-5 所示。

```
{color=white, brand=BMW, price=500}

Process finished with exit code 0
```

图 8-5　散列赋值与取值的结果

2. 递增数字

修改 main 函数如例 8-53 所示，增加 hincrBy 操作。

【例 8-53】　修改 main 函数，增加 hincrBy 操作。

```java
public static void main(String[] args) {
    Jedis jedis = new Jedis("127.0.0.1", 6379);
    jedis.hincrBy("car", "price", 500);
    System.out.println(jedis.hget("car", "price"));
}
```

运行后，会输出 1000。

注意在这里并没有对 car 进行赋值，因为虽然 Java 程序已经结束了，但是 Redis 服务一直保持运行，所以先前进行赋值操作的结果仍将保留。在例 8-52 中将 car 的 price 设置为 500，这里递增 500，因此会输出 1000。

3. 分别获取散列中的所有键和值

可以使用 hkeys 和 hvals 来分别获取散列中的所有键和值，编写 main 函数如例 8-54 所示。

【例 8-54】　使用 hkeys 和 hvals 来分别获取散列中的所有键和值。

```java
public static void main(String[] args) {
    Jedis jedis = new Jedis("127.0.0.1", 6379);
    Set<String> keys = jedis.hkeys("car");
    for (String str : keys) {
        System.out.println(str);
    }
    List<String> vals = jedis.hvals("car");
    for (String str : vals) {
        System.out.println(str);
    }
}
```

运行结果如图 8-6 所示。

Jedis 的 hkeys 和 hvals 函数返回的数据类型并不相同，分别是 Set 和 List。

```
color
brand
price
white
BMW
1000

Process finished with exit code 0
```

图 8-6 分别获取散列中的所有键和值的结果

8.4.4 列表操作

1. 添加元素与弹出元素

新建 RedisListOperate.java,编写 Java 操作 Redis 列表的代码。

首先尝试进行添加元素与弹出元素操作,编写 RedisListOperate.java 如例 8-55 所示。

【例 8-55】 添加元素与弹出元素操作。

```java
import redis.clients.jedis.Jedis;

public class RedisListOperate {
    public static void main(String[] args) {
        Jedis jedis = new Jedis("127.0.0.1", 6379);
        jedis.lpush("fruit", "apple", "banana");
        jedis.rpush("fruit", "orange", "grape", "pear");
        while(jedis.llen("fruit") > 0) {
            System.out.println(jedis.lpop("fruit"));
        }
    }
}
```

运行后,会分别输入 5 个水果的种类,如图 8-7 所示。

```
banana
apple
orange
grape
pear

Process finished with exit code 0
```

图 8-7 添加元素与弹出元素的结果

2. 获取列表指定位置的元素

这里尝试使用 lindex 和 lrange 函数,修改 main 函数如例 8-56 所示。

【例 8-56】 lindex 和 lrange 函数。

```java
public static void main(String[] args) {
    Jedis jedis = new Jedis("127.0.0.1", 6379);
    jedis.rpush("fruit", "apple", "banana", "orange", "grape", "pear");
    System.out.println(jedis.lindex("fruit", 1));
    List<String> values = jedis.lrange("fruit", 2, 4);
    for (String str : values) {
        System.out.println(str);
    }
}
```

可以看出,第 1 位元素(实际上是第 2 个)为 banana,第 2～4 位元素分别为 orange、grape 和 pear。获取列表指定位置元素的结果如图 8-8 所示。

```
banana
orange
grape
pear

Process finished with exit code 0
```

图 8-8　获取列表指定位置元素的结果

3. 删除元素

LREM 可以对列表的元素进行删除,参数为 key、count 和 element,具体逻辑为从左开始对 key 对应的列表进行遍历,找到值为 element 的元素,并进行删除,直到删除 count 次为止。修改 main 函数如例 8-57 所示。

【例 8-57】 使用 LREM 可以对列表的元素进行删除。

```java
public static void main(String[] args) {
    Jedis jedis = new Jedis("127.0.0.1", 6379);
    jedis.lpush("list", "a", "b", "c", "a", "a", "d");
    jedis.lrem("list", 2, "a");
    List<String> values = jedis.lrange("list", 0, -1);
    for (String str : values) {
        System.out.println(str);
    }
}
```

这里的 lrem 函数会把最左边的两个 a 删除,lrange("list", 0, －1)可以获取 list 中所有的元素。输出如图 8-9 所示。

```
d
c
b
a

Process finished with exit code 0
```

图 8-9   删除元素的结果

8.4.5   集合操作

1. 添加元素与获取所有元素

在 src 目录下新建 RedisSetOperate.java,编写添加元素和获取所有元素的相关函数。与 redis-cli 中的命令相同,sadd 和 smembers 函数可以完成相关操作。具体代码如例 8-58 所示。

【例 8-58】 sadd 和 smembers 函数编写添加元素和获取所有元素。

```java
import redis.clients.jedis.Jedis;
import java.util.Set;

public class RedisSetOperate {
    public static void main(String[] args) {
        Jedis jedis = new Jedis("127.0.0.1", 6379);
        jedis.sadd("set", "a", "b", "c", "a", "a", "d");
        Set<String> values = jedis.smembers("set");
        for (String str : values) {
            System.out.println(str);
        }
    }
}
```

由于集合中每个元素是唯一的,因此 a、b、c、d 均只会出现一次。具体结果如图 8-10 所示。

```
c
a
d
b

Process finished with exit code 0
```

图 8-10   添加元素与获取所有元素的结果

2. 集合间运算

redis-cli 中 FLUSHALL 命令可以清空 Redis 的所有存储内容,对应 Jedis 的函数为

flushAll()。可以尝试使用 sinter()、sunion()和 sdiff()函数进行操作。具体写法如例 8-59 所示。

【例 8-59】　使用 sinter()、sunion()和 sdiff()函数清空 Redis 的所有存储内容。

```java
public static void main(String[] args) {
    Jedis jedis = new Jedis("127.0.0.1", 6379);
    jedis.flushAll();
    jedis.sadd("fruit", "apple", "tomato");
    jedis.sadd("vegetable", "tomato", "potato", "carrot");
    Set<String> values = jedis.sinter("fruit", "vegetable");
    System.out.println("inter: ");
    for (String str : values) {
        System.out.println(str);
    }
    System.out.println("\nunion: ");
    values = jedis.sunion("fruit", "vegetable");
    for (String str : values) {
        System.out.println(str);
    }
    System.out.println("\ndiff: ");
    values = jedis.sdiff("fruit", "vegetable");
    for (String str : values) {
        System.out.println(str);
    }
}
```

sinter()、sunion()和 sdiff()分别可以执行交集、并集和差集运算,运行结果如图 8-11 所示。

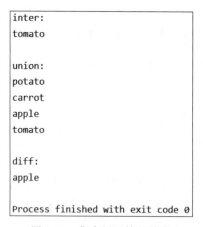

图 8-11　集合间运算的结果

请注意,由于先前已经将 fruit 的值设定为列表,在这里如果不事先清除,会报出运行时异常。

第 **9** 章

图数据库与Neo4j

互联的世界中没有孤立的信息,信息间的关系是十分重要的。图形存储数据库的优势就在于其存储了关系。在其他数据库通过复杂的 JOIN 操作计算关系时,图数据库将连接与数据一起存储在模型中,实现了有效地存储、处理和查询连接。因此,图形数据库擅长管理高度连接的数据和复杂的查询,而与数据库的大小无关。它仅使用一个模式和一组起点,就可以围绕这些初始起点探索相邻数据,收集和汇总来自数百万个结点和关系的信息并保持搜索范围之外的任何数据不变。

Neo4j[6]是一个开源的 NoSQL 图数据库,具有成熟而强大的数据库的所有功能,例如,友好的查询语言和 ACID 事务。之所以说 Neo4j 是基于图形存储的数据库,是因为它可以有效地将属性图模型实施到存储级别。这就意味着数据存储方式与用户在图形构想上的存储方式是完全一致的,并且数据库使用指针来导航和遍历图形。

使用 Neo4j,每个数据记录或结点都存储指向与其连接的所有结点的直接指针。因此,与关系数据库索引相比,对于许多应用程序,Neo4j 可以提供数量级的性能优势。

本章从 Neo4j 数据库的使用出发,对图数据库的使用和适用范畴进行详细阐述。

9.1 图论与图数据库

9.1.1 图的基本概念

图(Graph)是数据结构和算法学中最强大的框架之一,几乎可以用来表现所有类型的结构或系统,从交通网络到通信网络,从下棋游戏到最优流程,从任务分配到人际交互网络,图都有广阔的用武之地。这里的图并不是指图形图像(Image)或地图(Map)。通常把图视为一种由"顶点"组成的抽象网络,本节将会对一些图的基本概念进行介绍。

顶点(Vertex)表示某个事物或对象。边(Edge)表示事物与事物之间的关系。边存在权重,边的权重(或者称为权值、开销、长度等),即每条边与之对应的值。例如,当顶点代表某些物理地点时,两个顶点间边的权重可以设置为路网中的开车距离。

顶点和边指的是事物和事物的逻辑关系,不管顶点的位置在哪,边的粗细长短如何,只要不改变顶点代表的事物本身,不改变顶点之间的逻辑关系,那么就代表这些图拥有相同的信息,是同一个图,即这两个图是同构的。同构的图的区别只在于画法不同。

最基本的图通常被定义为"无向图",与之对应的则被称为"有向图"。两者唯一的区别在于,有向图中的边是有方向性的。

在图上任取两顶点,分别作为起点(Start Vertex)和终点(End Vertex),可以规划许多条由起点到终点的路线。不会来来回回绕圈子、不会重复经过同一个点和同一条边的路线,就是一条"路径"。两点之间存在路径,则称这两个顶点是连通的(Connected)。

环(环路)是一个与路径相似的概念。在路径的终点添加一条指向起点的边,就构成一条环路。通俗点说就是绕圈。

9.1.2 图解决的问题

图论(Graph Theory)起源于一个非常经典的问题——柯尼斯堡(Konigsberg)问题。后来,欧拉(Leornhard Euler)解决了柯尼斯堡问题。由此图论诞生,欧拉也成为图论的创始人。

图论是数学的一个分支,它以图为研究对象。图论中的图是由若干给定的点及连接两点的线所构成的图形,这种图形通常用来描述某些事物之间的某种特定关系,用点代表事物,用连接两点的线表示相应两个事物间具有这种关系。

9.1.3 图数据库

图数据库是一种将数据之间的关系视为对数据本身同样重要的数据库。它旨在保留数据而不将其限制为预定义的模型。这种数据的存储方式就像首先将其绘制出来一样,显示了每个单独的实体如何与其他实体联系或相互关联。图9-1展示了实体和实体间的关系。

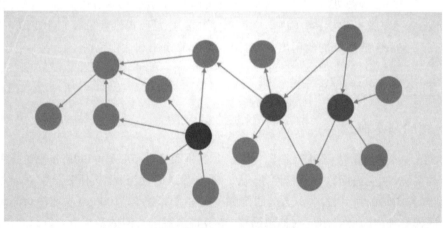

图 9-1 实体和实体间的关系

9.1.4　属性图模型

与大多数技术一样,图数据库也有一些不同的方法来组成其关键组件。其中的一种方法就是属性图模型(The Property Graph Model)。在属性图模型中,数据被组织为结点、关系和属性(存储在结点或关系上的数据)。

其中,结点是图中的实体。它们可以包含任意数量的属性(键值对)。结点可以用标签标记,代表它们在使用者的域中的不同角色。结点标签还可以用于将元数据(例如索引或约束条件)附加到某些结点。

关系在两个结点实体之间提供了定向连接,这种连接是命名的也是语义相关的。关系始终具有方向、类型、开始结点和结束结点。类似结点,关系也可以具有属性,在大多数情况下,关系具有定量属性(例如权重、成本、距离、等级、时间间隔或强度)。由于关系的有效存储方式,两个结点可以共享任意数量或类型的关系而不会牺牲性能,尽管它们按特定方向存储,但始终可以在任一方向上有效地导航关系。

9.2　Neo4j 基础入门

9.2.1　Neo4j 的关键概念和特点

Neo4j 是一个开源的 NoSQL 图形存储数据库,可为应用程序提供支持 ACID 的后端。Neo4j 的开发始于 2003 年,自 2007 年转变为开源图形数据库模型。Neo4j 是世界领先的高度可扩展的图形存储数据库。它是一种高级的图形存储,具有成熟而强大的数据库的所有功能,例如,友好的查询语言和 ACID 事务。程序员使用的是路由器和关系的灵活网络结构,而不是静态表,但是可以享受企业级质量数据库的所有好处。与关系数据库索引类似,对于许多应用程序,Neo4j 可以提供数量级的性能优势。

与传统的数据库按行、列和表排列数据不同,Neo4j 具有灵活的结构,该结构由数据记录之间的存储关系定义,与其他数据库相比,它以更快的速度和更大的深度执行复杂连接的查询。

不同于其他 NoSQL 数据库,Neo4j 还提供了完整的关系数据库特性,包括 ACID 事务的合规性,集群的支持和运行时故障转移,这样一来,Neo4j 就更为适合在生产场景中用图存储数据。

Neo4j 具有一些针对图形存储数据库所特有的功能,其中,Cypher 作为一种类似于 SQL 的声明性查询语言对图进行了优化。这种查询语言现在也在通过 OpenCypher 项目被其他数据库(如 SAP HANA Graph 和 Redis Graph)使用。

由于 Neo4j 有效地表示了结点和关系,因此在深度和广度方面在大型的图中可以进行恒定时间遍历。在适度的硬件上可以扩展到数十亿个结点,更好地支持了大数据时代较大数据量的存储分析。

Neo4j 具有可以随时间适应的灵活的属性图架构,可以在后续实现中添加新的关系以实现捷径,并在业务需求变化快时加速查找数据的速度。

Neo4j 通过分片和联合查询扩展应用程序,以适应用户不断增长的业务需求。同时,该数据库具有细粒度的安全性,LDAP/目录服务,安全性日志记录等,可以有效地确保数据安全。Neo4j 的通用属性图模型使项目可以轻松地随着业务需求的变化而流畅地发展。其本机图形数据库为大型、互连的数据集上的多跳查询提供一致的实时性能。其基于筏的因果群集,为滚动升级、热备份等带来了高可用性。Neo4j 包含功能强大的工具,可帮助开发人员有效地编写、分析和调试查询以及可视化和导航数据。

9.2.2　Neo4j 典型应用场景

开发人员可以使用 Neo4j 构建智能应用程序,以实时地遍历当今大型的、相互关联的数据集。Neo4j 由本机图形存储和处理引擎提供支持,可提供直观、灵活且安全的数据库,以提供独特且可行的见解。

与其他数据库不同,Neo4j 可以在存储数据时连接数据,从而使其能够更快地遍历连接的数量级。图 9-2 展示了 Neo4j 中存储的数据的可视化样例。

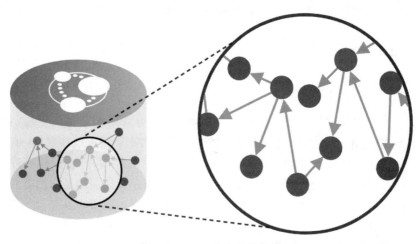

图 9-2　Neo4j 中存储的数据

9.2.3　Neo4j 的安装与配置

Neo4j 是基于 Java 的图形数据库,运行 Neo4j 需要启动 JVM 进程,因此在安装 Neo4j 前必须安装 Java SE 的 JDK。从 Oracle 官方网站下载 Java SE JDK,地址为 https://www.oracle.com/cn/java/technologies/javase-downloads.html,图 9-3 为下载网址页面。

在 Neo4j 官网下载对应系统的压缩文件,地址为 https://neo4j.com/download-center/,本书以在 Windows 系统上安装 Neo4j 4.2.1 社区版为例,图 9-4 为 Neo4j 4.2.1 社区版的网址页面。

Neo4j 应用程序有如下主要的目录结构:bin 目录,用于存储 Neo4j 的可执行程序;conf 目录,用于控制 Neo4j 启动的配置文件;data 目录,用于存储核心数据库文件;plugins 目录,用于存储 Neo4j 的插件。

将下载的压缩文件解压到系统合适的位置后需要创建主目录环境变量 NEO4J_HOME,变量值设置为主目录路径。图 9-5 是主目录路径为 D:\Neo4j\neo4j-community-4.2

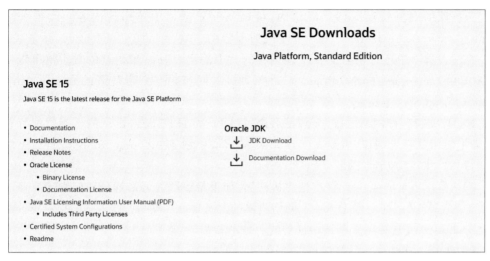

图 9-3　Java SE JDK 下载网址页面

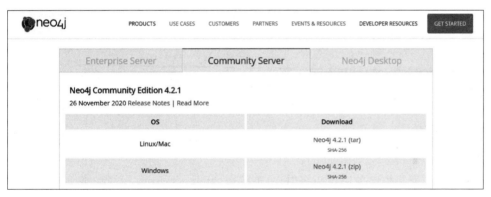

图 9-4　Neo4j 4.2.1 社区版网址页面

的环境变量。

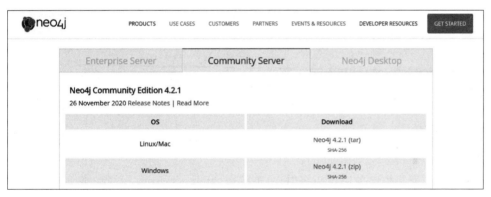

图 9-5　环境变量设置

　　Neo4j 的配置文件[7]存储在 conf 目录下，Neo4j 通过配置文件 neo4j.conf 控制服务器的工作。默认情况下，不需要进行任意配置，就可以启动服务器。

　　Neo4j 的核心数据文件默认存储在 data/graph.db 目录中，要改变默认的存储目录，可以在配置选项更新。限定文件存储在 data/graph.db 目录中的指令为"dbms.active_database＝graph.db"。

数据库的安全验证默认是启用的,可以从配置选项中停用该内容。代码"dbms.security.auth_enabled=false"表示安全验证不启用。

在配置选项中还可以配置 Java 堆内存的大小。配置 Java 堆内存的最小值可以使用命令"dbms.memory.heap.initial_size=512m",同理,配置最大值的命令是"dbms.memory.heap.max_size=512m"。

Neo4j 支持三种网络协议,分别是 Bolt、HTTP 和 HTTPS。默认的连接器配置有三种,为了使用这三个端口,需要在 Windows 防火墙中创建 Inbound Rules,允许通过端口7687,7474 和 7473 访问本机。

默认情况下,Neo4j 只允许本地主机访问,如果希望通过网络远程访问则需要修改监听地址为 0.0.0.0。这之后连接各个网络协议的监听地址和端口。例 9-1 的指令更改监听地址为 0.0.0.0 并连接各个网络协议的监听地址和端口。

【例 9-1】 连接各个网络协议的监听地址和端口。

```
dbms.connectors.default_listen_address=0.0.0.0
dbms.connector.bolt.enabled=true
dbms.connector.bolt.listen_address=0.0.0.0:7687
dbms.connector.http.enabled=true
dbms.connector.http.listen_address=0.0.0.0:7474
dbms.connector.https.enabled=true
dbms.connector.https.listen_address=0.0.0.0:7473
```

配置好网络后就可以在本地的任何位置使用 Neo4j 了。以系统用户身份通过命令行neo4j.bat console 运行 Neo4j。

把 Neo4j 安装为服务使用指令"bin\neo4j install-service";卸载服务使用指令"bin\neo4j uninstall-service"。Neo4j 服务的启动、停止、重启和查询状态分别使用指令 start、stop、restart 和 status。

Neo4j 服务器具有一个集成的浏览器,在一个运行的服务器实例上访问"http://localhost:7474/",打开浏览器,显示启动页面。图 9-6 是 Neo4j 服务器实例启动页面。

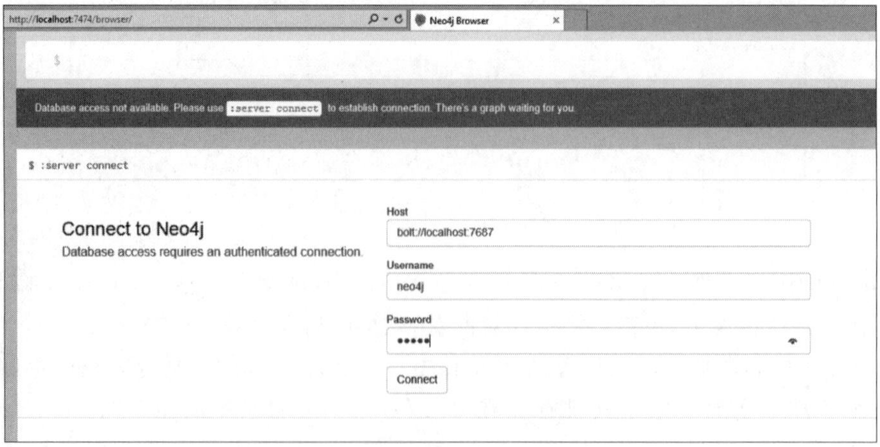

图 9-6 Neo4j 服务器实例启动页

默认情况下 host 是 bolt://localhost:7687，默认用户名及密码为 neo4j。登录后需重置密码。

9.3　Neo4j 数据模型

9.3.1　四种基础数据结构

属性图由顶点、边、属性和标签组成，顶点和边可以有标签。在 Neo4j 中，点、关系和属性等图的组成元素都是基于 Neo4j 内部维护的 ID 进行访问的，而且可以认为这些元素是定长存储的。这样做的好处在于，知道了某点/关系/属性的 ID，就能直接算出该 ID 在对应文件中的偏移位置，直接进行访问。也就是说，在图的遍历过程中不需要基于索引扫描，直奔目的地即可。

1. 顶点

首先介绍的是顶点，顶点结构定长为 15B。它只存储该点的第一个关系的 ID，用第一个比特的三个位表示关系 ID 的高位，额外用一个 Int 保存关系 ID 的低位。也就是说，Neo4j 中关系 ID 用 35 位表示；其中还保存了该点的第一个属性的 ID，用第一个比特的四个位表示 ID 的高位，额外用一个 Int 保存属性的低位。也就是说，Neo4j 中属性 ID 用 36 位表示；顶点的结构中用最后一个比特的一个位表示该点是否为超级点，即有很多边的结点。

2. 边

边结构为定长 34B。相比顶点，边的结构复杂很多。边保存了其对应的起点和终点的 ID，可以看到点的 ID 跟边一样，也是 35 位，这算是最基本的字段。除此之外，还保持了起点对应的前一个和后一个关系，终点对应的前一个和后一个关系。这看起来就有点特别了，也就是说，对一个点的所有边的遍历，不是由点而是由其边掌控的。由于起点和终点的关系都保存了，所以无论从起点开始遍历还是从终点开始遍历都能够顺利完成遍历操作。与顶点一样，边也仅保存自身的第一个属性。最后，分别有对应的标识位来说明该边是否为起点和终点的第一条边。

3. 属性

属性结构为定长 41B。但与顶点和边不同的是，属性的长度本身是不固定的，一个属性结构不一定能够保存得下，因此还有可能外链到动态存储块上（DynamicRecord），动态存储块可以分为动态数组或动态字符串。

4. 标签

标签是一种命名的图构造，用于将结点分组。标有相同标签的所有结点都属于同一集合。许多数据库查询可以使用这些集合而不是整个图，从而使查询更易于编写和提高效率。结点可以用任意数量的标签标记，包括无标签，从而使标签成为图的可选添加。

9.3.2　图数据库建模基础

在创建新的应用程序或数据解决方案时需要提供该数据的结构,这种结构化过程称为数据建模。数据建模通常仅保留给高级数据库管理员(DBA)或主要开发人员使用,有时需要深厚的业务和数据建模经验及技巧。虽然有些数据建模方案确实最好由专家来决定,但多数情况下不会特别困难。实际上,数据建模与技术问题一样,是一个商业问题,任何人都可以进行基本的数据建模。随着图数据库技术的出现,将数据匹配到一致的模型比以往任何时候都更加容易。

数据建模是一个抽象过程。从业务和用户需求开始,然后在建模过程中,将这些需求映射到用于存储和组织数据的结构中。

使用传统的数据库管理系统,建模非常困难。但使用图技术进行数据建模非常简单。由于数据建模过程中绘制的模型已经是一个图,由此创建图数据库只需要运行几行代码即可。

9.3.3　图模型

图模型是由点和线组成的用以描述系统的图形。图模型属于结构模型,可用于描述自然界和人类社会中的大量事物和事物之间的关系。在建模中采用图模型可利用图论作为工具。按图的性质进行分析为研究各种系统特别是复杂系统提供了一种有效的方法。构成图模型的图形不同于一般的几何图形。例如,它的每条边可以被赋予权,组成加权图。权可取一定数值,用以表示距离、流量、费用等。加权图可用于研究电网络、运输网络、通信网络以及运筹学中的一些重要课题。图模型广泛应用于自然科学、工程技术、社会经济和管理等方面,见动态结构图、信号流程图、计划协调技术、图解协调技术、风险协调技术、网络技术、网络理论。

图数据库使用图模型来操作数据。目前使用的图模型有 3 种,分别是属性图(Property Graph)、资源描述框架(RDF)三元组和超图(HyperGraph)。现在较为知名的图数据库主要是基于属性图,更确切地说是带标签的属性图(Labeled-Property Graph),当然标签不是必需的。

9.3.4　图建模

在建模前,首先要知道业务场景对数据提出的各种问题,而写出查询是确定数据模型结构的好方法。如果知道查询需要在特定日期范围内返回结果,则应确保该日期不是结点上的属性,而是存储为单独的结点或关系。

为每个查询或功能找到理想的模型非常困难,在选择模型时,需要权衡取舍,很难获得一种万能的解决方案。这可能是一个艰难的决定。Neo4j 最有价值的是,数据模型具有灵活性,并且能够根据建模需求的优先级随时间变化而更改。

建模后可能会遇到在设计阶段未意识到的方案,找到这些的最佳方法之一是实际测试模型。导入部分数据并在系统上执行测试和查询,这将确定查询的结果是否适合需求或预期的性能。同样,Neo4j 非常灵活,可以调整模型或优化查询以优化输出。

图建模的过程会出现很多问题。

建模最先遇到的决定之一是将某事务建模为结点上的属性还是与其他结点的关系。

其次,并非所有数据模型都简单明了,当数据杂乱无章时,模型则必须尝试更好地组织数据,以帮助了解模式并制定决策。

超边的概念是在模型中非常常见的一种建模技术。通常创建超边(或中间结点)来建模两个以上实体之间存在的关系。通常创建它们是为了表示某个时间点上多个实体的连接。

对时间特定的数据和关系建模的一种方法是在关系类型中包括数据。由于 Neo4j 是专门针对遍历实体之间的关系而优化的,因此通常可以通过将日期指定为关系类型并仅遍历特定日期的关系来提高查询性能。

可以组合使用两种模型并利用每种模型的优势。但每次创建新结点、关系或更新图时,都需要进行更改以适应两个模型。这也可能影响查询性能,因为更新每种模型所需的语法可能加倍。

9.4　Cypher 入门

9.4.1　Cypher 的关键特性

Cypher 是一种声明性图形查询语言,它允许高效地查询、更新和管理图形。Cypher 的设计既简单又强大,可以轻松表达高度复杂的数据库查询。

Cypher 受到许多不同方法的启发,并以用于表达查询的既定实践为基础。许多关键字(例如 WHERE 和 ORDER BY)均受到 SQL 的启发。模式匹配借鉴了 SPARQL 的表达方法。某些列表语义是从 Haskell 和 Python 等语言中借用的。Cypher 的结构基于英文散文和简洁的图像,使查询既容易写又易于阅读。

Cypher 借鉴了 SQL 语句中的结构,查询使用各种子句构成。这些子句连接在一起,相互之间存在上下文关系。

使用 Neo4j,可以存储数据之间的连接而无须在查询时进行计算。Cypher 是一种功能强大的、图形优化的查询语言,可以理解并利用这些存储的连接。它包括的语句、关键词和短语像谓词和函数,其中很多会很熟悉(如 WHERE,ORDER BY,SKIP LIMIT,AND,p.unitPrice $>$ 10)。

Cypher 就像 SQL 是一种声明性文本查询语言,但用于图形。与 SQL 不同,Cypher 完全是表示图形模式。用圆括号表示结点实体的圆:(p:Product)。-->表示关系,可以在方括号中添加关系类型和其他信息-[:ORDERED]->。将两者放在一起()-->()<--()看起来几乎就像一个草图。

9.4.2　Cypher 的语法

Cypher 的数据类型可以划分为三类,分别是属性类型(Property Types)、结构类型(Structural Types)和复合类型(Composite Types)。

1. 属性类型

属性类型的数据不但可以从 Cypher 查询返回,还可以作为参数,同时可以被存储为数据,并可以通过 Cypher 文字构造。属性类型的数据包括以下几大类。

(1) Number:一种抽象类型,其子类包括整型(Integer)和浮点型(Float)。

(2) String:字符串。

(3) Boolean:布尔类型。

(4) 空间类型:点(Point)。

(5) 时间类型:日期(Date)、时间(Time)、本地时间(LocalTime)、持续时间(Duration)等。

要注意尽管列表通常无法存储为属性,但简单类型的均匀列表也可以存储为属性。Cypher 还为字节数组提供了传递支持,可以将其存储为属性值。字节数组不被 Cypher 视为一流的数据类型,因此没有文字表示形式。

2. 结构类型

结构类型可以从 Cypher 查询返回,但不能作为参数,也无法存储为属性,更无法使用 Cypher 文字构造。结构类型包括以下几类:结点(Node)、关系(Relationship)和路径(Path,结点和关系的交替序列)。

3. 复合类型

复合类型可以从 Cypher 查询返回,并且可以作为参数,同时可以使用 Cypher 文字构造,但它无法存储为数据。复合类型包括以下两类。

(1) List:一个异构的、有序的值集合,每个值具有任何属性、结构或复合类型。

(2) Map:键值对的异构无序集合。其中包括一个字符串定义为键,一个可以是任何属性、结构或复合类型的值。

要注意的是复合类型也可以包含空值(null)。

在命名时应使用字母或字符开头。名称中可包含数字,但不能以数字开头。名称中不得包含除下画线和 $ 外的符号。此外,Cypher 中的命名区分大小写。要注意在名称中使用非字母字符(包括数字、符号和空格字符)时必须使用反引号将其转义(例如:`^n`、`1first`、`$ $ n`,和`my variable has spaces`)。数据库名称是一个例外,其中可以包含点而无须转义(例如命名数据库 foo.bar.baz 是完全有效的)。

结点标签、关系类型和属性名称可能重复使用名称,它们都是有效的,但结点和关系的变量不得在同一查询范围内重复使用名称。

良好的命名规范是将结点标签命名为驼峰式大写字母开头的字符串,将关系类型命名为大写的并使用下画线分隔单词的字符串。

Cypher 中存在一些常用的一般表达式。例如,以"$"开头命名表示参数;以单引号引用字符串;使用 true、false、TRUE 和 FALSE 表示布尔值;使用"."连接属性;用中括号括起表达式列表,并用逗号分隔各表达式;使用小括号加"→"的方式表示路径模式;使用大括号引用子句等。

　　Cypher 的条件表达式有两种表示方法,第一种是简单条件形式,将表达式与多个值进行比较,即计算表达式后将其结果与 WHEN 连接的子句逐一比较直到找到匹配项,如果无法找到匹配内容则使用 ELSE 返回,或返回 null。另一种是通用条件形式,允许表达多个条件。

　　引用模式或查询的各个部分时,可以通过命名它们来实现。赋予这些不同部分的名称为变量。要注意的是变量仅在同一查询部分中可见,它是不会保留到后续查询中的,如果在查询过程中将多个查询部分连接在一起,则必须在 WITH 子句中列出变量,然后传递到下一部分。

　　Cypher 查询语句包含一个保留字列表,这些保留字是不能在变量、函数名称和参数中用作标识符的。保留字包含如下内容:CALL、CREATE、DELETE、DETACH、EXISTS、FOREACH、LOAD、MATCH、MERGE、OPTIONAL、REMOVE、RETURN、SET、START、UNION、UNWIND、WITH、LIMIT、ORDER、SKIP、WHERE、YIELD、ASC、ASCENDING、ASSERT、BY、CSV、DESC、DESCENDING、ON、ALL、CASE、ELSE、END、THEN、WHEN、AND、AS、CONTAINS、DISTINCT、ENDS、IN、IS、NOT、OR、STARTS、XOR、CONSTRAINT、CREATE、DROP、EXISTS、INDEX、NODE、KEY、UNIQUE、INDEX、JOIN、PERIODIC、COMMIT、SCAN、USING、false、null、true、AND、DO、FOR、MANDATORY、OF、REQUIRE、SCALAR。

9.4.3 Cypher 的增删改查操作

　　表 9-1 是基础的 Cypher 语句。

表 9-1　Cypher 语句

类　型	关　键　字
读取语句	MATCH
	OPTIONALMATCH
映射语句	RETURN…[AS]
	WITH…[AS]
	NUWIND…[AS]
读取子句	WHERE
	WHERE EXISTS {…}
	ORDER BY [ASC[ENDING] | DESC[ENDING]]
	SKIP
	LIMIT
读取提示	USING INDEX
	USING INDEX SEE

续表

类　　型	关　键　字
读取提示	USING SCAN
	USING JOIN
写入语句	CREATE
	DELETE
	DETACH DELETE
	SET
	REMOVE
	FOREACH

在表 9-1 中读取语句包含从数据库读取数据的语句,投影语句定义了要在结果集中返回的表达式,读取子句包括必须作为读取语句的一部分运行的子句,读取提示常用语优化查询算法。读取语句和读取子句的组合使用帮助使用者更好地通过数据库查询需要的数据。写入语句包含将数据写入数据库的语句,也就是常说的增删改。

9.4.4　Cypher 的常用函数

Cypher 中的函数包含谓词函数、标量函数、汇总函数、列表函数、数学函数、字符串函数、时间函数、空间函数、用户自定义函数和 LOAD CSV 函数。

表 9-2 列出了谓词函数,对于给定的参数,这些函数返回布尔值。

表 9-2　谓词函数及其描述

函　　数	描　　述
all()	测试谓词是否对列表中的所有元素成立
any()	测试谓词是否在列表中至少包含一个元素
exists()	如果图形中存在模式的匹配项,或者结点、关系或映射中存在指定的属性则返回 true
none()	如果谓词中不包含列表中的任何元素,则返回 true
single()	如果谓词恰好是列表中的元素之一,则返回 true

表 9-3 列出了标量函数及其描述,这些函数返回单个值。

表 9-3　标量函数及其描述

函　　数	描　　述
coalesce()	返回表达式列表中的第一个非空值
endNode()	返回关系结束结点
head()	返回列表第一个元素

续表

函　　数	描　　述
id()	返回关系或结点的 ID
last()	返回列表中的最后一个元素
length()	返回路径长度
properties()	返回包含结点或关系的所有属性的映射
randomUUID()	返回对应于随机生成的 UUID 的字符串值
size()	返回列表中的项目数
size() applied to pattern expression	返回与模式表达式匹配的路径数
size() applied to string	返回字符串中 Unicode 字符的数量
startNode	返回关系的开始结点
timestamp()	返回当前时间与 UTC 1970 年 1 月 1 日午夜之间的差值(以 ms 为单位)
toBoolean()	将字符串值转换为布尔值
toFloat()	将整数或字符串转换为浮点数
toInteger()	将浮点或字符串转换为整数值
type()	返回关系类型的字符串表示形式

Cypher 中还有很多其他功能性函数,这些函数丰富了查询语句。

第10章

10章.txt

案例实战——使用MongoDB实现海量数据标注

前文介绍了 MongoDB 数据库的基本操作和适用范畴。本章将会通过一个基于 Python 使用 MongoDB 数据库对海量复杂数据进行处理的案例进一步讲解 MongoDB 数据库在实际中的应用。

本章的案例主要实现一个数据标注平台的部分数据库设计。该平台允许任务发布者发布需要标注的文本、表格、JSON 文件、图片和图层，这些文件将会存储在数据库中等待标注者的标注。标注者接受任务后需要完成任务下全部文件的标注后方可提交，提交的标注信息和源文件需要匹配地存储在数据库中。案例对标注的实体属性采用了树形结构的存储方法，突出体现了 MongoDB 在数据存储中相较于传统关系数据存储的灵活方便。在接下来的几节中，将以该项目的文本标注部分作为案例讲解使用 Python 连接 MongoDB 对海量且复杂的数据标注进行处理。

10.1 数据库设计

10.1.1 部分数据库设计

本案例中，只关注于文本标注部分的 textJob 和 model 两个集合。集合 textJob 的每条文件都存储着一个标注者标注的一个文本。例如，1 个分片含 5 个文本，每个文本分别被 5 个标注者标注，就会存在 25 个文件。

文本标注集合的属性在表 10-1 中给出。

表 10-1 标注集合属性列表

属 性	类 型	备 注
_id	String	系统自动生成的 key
textJobId	String	文本的区分标识符
annotatorId	String	标注者 id
fragmentId	String	所属分片 id
textUrl	String	文件 URL(文件在服务器上的地址)
tokenList	List[token]	token 的列表,token 对应标注

在表 10-1 中可以看到 tokenList 中包含单个标注的信息,每一个标注中都应该含有 tokenId、word、characterOffsetBegin、characterOffsetEnd、entityType、eventType、entityAttribute 这些字段。其中,tokenId 是标注 id,word 中存储了标注的内容,characterOffsetBegin 和 characterOffsetEnd 存储的是标注在文本中的起止位置,eventType 存储标注的实体类型,entityAttribute 中存储标注的属性列表,要注意的是一个标注实体是可以有多种属性的。

标注过程中需要固定的供标注者标注的模板,同时这些模板也是可以更新和添加删除的,所以需要设计一个集合来存储平台的实体属性模板以方便使用和管理。该集合的属性和相关备注列在表 10-2 中。

表 10-2 模板集合属性列表

属 性	类 型	备 注
modelId	String	模板的区分标识符
createrId	String	发布者的 id
entityType	List	实体的定义
eventType	List[pair]	事件的定义
arribute	List[pair]	实体/事件属性的定义

从表 10-2 中可以看到,这个集合中嵌套了一个树形的属性列表,方便用户更新错综复杂的属性。

10.1.2 其他数据单设计

本节列出了该项目图片标注部分的数据库设计。这部分包括一个存放着标注者标注图片的所有标注区域的集合、一个标签实体设计的集合和一个像素点实体设计的集合。感兴趣的读者可以自行尝试创建一个 MongoDB 数据库,并对其中的数据进行操作。

表 10-3 是一个标注集合,其中一个文件存放一个标注者标注一张图片的所有标注区域。

表 10-3　标注集合

属　　性	类　　型	备　　注
标注关系 id	Int	标注关系 id 作为任务唯一标识
图片 URL	String	
标签列表	List[label]	标签列表,也就是标注区域列表

表 10-4 列出了数据库中标签实体的设计。

表 10-4　标签实体设计表

属　　性	类　　型	备　　注
标签 id	Int	仅作为在标签表中的标识
标签名	String	
线条颜色	List[int]	RGBA,数组中 4 个整数均在 0~255 范围内
填充颜色	List[int]	RGBA,数组中 4 个整数均在 0~255 范围内
像素点列表	List[point]	列表中为当前标注区域的所有像素点

表 10-5 中列出了像素点实体的设计。

表 10-5　像素点实体设计表

属　　性	类　　型	备　　注
像素点 id	Int	仅作为在像素点列中的标识
X 坐标	Double	无
Y 坐标	Double	无

10.2　配置 MongoDB

10.2.1　创建数据库

开启 MongoDB 后,在 MongoDB Shell 中创建项目数据库,具体指令如例 10-1 所示。

【例 10-1】　创建数据库 da。

```
>use da
switched to db da
>db
da
```

在例 10-1 中,首先使用"use da"指令创建名为 da 的数据库作为项目使用的数据库,之后通过"db"指令查看当前数据库确认数据库创建成功。

要注意的是,由于新建的数据库中没有数据,所以使用"show dbs"指令时是不会显示的,需要插入数据后才会显示。

10.2.2　数据库连接配置

创建数据库后,就可以用 Python 编写配置文件连接数据库了。MongoDB 数据库连接设置部分的代码在例 10-2 中。其中,db 字段填写数据库名称,host 和 port 字段分别是 IP 和端口号。

【例 10-2】　配置文件。

```
MONGODB_SETTINGS = {
    'db': 'da',
    'host': 'localhost',
    'port': 27017,
}
```

10.3　增删改查操作

10.3.1　处理用户数据单

连接到数据库后需要对数据库中的数据进行增删改查的操作。本节将具体介绍本案例中用户数据单的处理方法和文档的处理方法。

针对用户对应的数据单的操作包括添加数据单,查找某用户对应的数据单列表和根据数据单 id 创建任务并在任务创建后修改数据单状态。

添加用户数据时需要用户 id、数据单添加时间、数据单列表和数据单完成状态四个字段,使用 insert_one()函数进行逐个文件的添加。具体代码如例 10-3 所示。

【例 10-3】　添加用户的数据单。

```
def insert_data_set(user_id, data_list):
    try:
        data_set = {
            'user_id': user_id,
            'date': datetime.datetime.now(),
            'data_list': data_list,
            'complete': 0
        }
        re = collection.insert_one(data_set)
        return re
    except Exception as e:
        print(e)
        return None
```

查找某用户对应的所有数据单列表时使用了 collection.find()函数,参数部分包括用户 id 和列表状态,用于确认查询到的数据单全部属于该用户,且是该用户未提交的数据单。具体代码如例 10-4 所示。

【例 10-4】 查找某用户对应的数据单列表。

```python
def find_data_set(user_id):
    try:
        results = collection.find({'user_id': user_id, 'complete': 0})
        dictionary = []
        for i in results:
            dictionary.append(i)
        return dictionary
    except Exception as e:
        print(e)
        return None
```

使用 collection.find_one()函数来寻找特定 id 的任务单,查询到想要的任务单后通过 create_task()函数创建任务。具体代码如例 10-5 所示。

【例 10-5】 根据数据单 id 创建任务。

```python
def createtask(id):
    try:
        result = collection.find_one({'_id': ObjectId(id)})
        Task.create_task(result['user_id'], str(result['_id']))
        for i in result['data_list']:
            print(i['id'])
        return True
    except Exception as e:
        print(e)
        return False
```

将任务单生成任务后通过 collection.update_one()方法调整任务单状态为已完成。具体代码如例 10-6 所示。

【例 10-6】 将数据单生成任务后更改状态。

```python
def set_complete(_id):
    try:
        condition = {'_id': ObjectId(_id)}
        ds = collection.find_one(condition)
        ds['complete'] = 1
        result = collection.update_one(condition, ds)
        return result
    except Exception as e:
        print(e)
        return None
```

10.3.2 存储和处理文档内容

任务生成后标注者希望能够对任务中的文档进行操作，这时就需要插入文档数据，获取文档数据，以及增加、删除、修改和查找标注实体属性的方法。

插入文件使用了最基本的 insert() 方法。具体代码如例 10-7 所示。

【例 10-7】 插入文档。

```
def insert(collection, document):
    """
    :param collection: 数据库表名
    :param document: 插入的内容,如:{"documentId": "XXXX", "templateId": "XXX",
…}
    :return: <pymongo.results.InsertOneResult object at 0x10d68b558>
    """
    try:
        a = collection.insert(document)
        return a
    except Exception as e:
        print(e)
        return None
```

在获取文档部分，笔者选择创建了 findAll() 和 findOne() 两个函数来区分获取所有文档用户文档列表的展示和获取单个文档用于单个文档查看。在 findAll() 函数中，先试用 find() 函数获取一个集合，然后去除集合中的_id 以方便将集合转换为一个字典，最后输出这个字典序列。获取文档的代码如例 10-8 所示。

【例 10-8】 获取所有文档。

```
def findAll(collection):
    """
    :param collection: 数据库表名
    :return: list [document,document,document,…]
    """
    try:
        results = collection.find()
        x = []
        for i in results:
            i.pop("_id")
            x.append(i)
        return x
    except Exception as e:
        print(e)
    print("success")
```

在例10-8中要注意,通过 collection.find()函数获取到的是 cursor,所以在后面需要通过 append()函数将 cursor 格式的值转换为一个字典并返回该字典。

　　在获取单个文档时,首先使用 find_one()函数查询复合条件的文档,然后同样使用 pop()函数去除"_id"方便输出。获取单个文档的方法如例10-9所示。

【例 10-9】 获取单个文档。

```
def findOne(collection, condition):
    """
    :param collection: 数据库表名
    :param condition: 查询条件,如:{"documentId":"XXXX","templateId":"XXX", …}
    :return: {"documentId": "XXXXX", "templateId": "XXX", …}
    """
    if condition is None:
        return None
    try:
        result = collection.find_one(condition)
        if result is None:
            return None
        result.pop("_id")
        return result
    except Exception as e:
        print(e)
print("success")
```

　　在例10-9的获取单个文件函数中,通过 find_one()函数获取时添加的 condition 为查询条件。

　　提交标注结果时,需要修改已经存入数据库的文档,revOne()方法正式作为文档更新的函数存在,revOne()函数使用了 update_one()函数对符合条件的文档进行更新。具体代码如例10-10所示。

【例 10-10】 修改单个文档。

```
def revOne(collection, condition, reset):
    """
    :param collection: 数据库表名
    :param condition: 查询条件,如:{"documentId":"XXXX","templateId":"XXX", …}
    :param reset: 修改的内容,如:{"$set": {"state": "0"}}
    :return: <pymongo.results.UpdateResult object at 0x10d17b678>
    """
    try:
        result = collection.update_one(condition, reset)
        return result
    except Exception as e:
```

```
        print(e)
        return None
```

10.3.3　存储实体属性列表

在标注者对数据进行标注的同时，MongoDB 也同步存储着数据的实体属性等字段。添加标注的过程使用 addToken() 方法。在 addToken() 方法中，通过使用 uuid(通用唯一标识码)创造唯一的标注 id，这之后使用 update_one() 方法将数据插入数据库。更新数据过程中使用了 $ addtoset，它是向数组对象中添加元素和值，操作对象必须为数组类型的字段。具体代码如例 10-11 所示。

【例 10-11】　向 tokenList 中添加一个 token。

```
def addToken(collection, condition, token):
    """
    :param collection: 数据库表名
    :param condition: 查询条件,如:{"documentId":"XXXX","templateId":"XXX", ···}
    :param token: token 的内容
    :return: tokenId string
    """
    try:
        tokenId = str(uuid.uuid1()).replace('-', '')
        #print(tokenId)
        token.update({'tokenId': tokenId})
        collection.update_one(condition, {"$addToSet": {'tokenList': token}})
        return tokenId
    except Exception as e:
        print(e)
        return None
```

在删除标注的过程中，update_one() 函数中包括 $ pull 操作，$ pull 操作将删除内嵌数组中的某个元素。具体代码如例 10-12 所示。

【例 10-12】　tokenList 中删除一个 token。

```
def deleteToken(collection, condition, token):
    """
    :param collection: 数据库表名
    :param condition: 查询条件,如:{"documentId":"XXXX","templateId":"XXX", ···}
    :param token: token 的内容,如:{"tokenId":"XXX"}
    :return: <pymongo.results.UpdateResult object at 0x10d17b678>
    """
    try:
        result = collection.update_one(condition, {"$pull": {'tokenList':
token}})
```

```
        return result
    except Exception as e:
        print(e)
```

find_one()函数在标注查找中同样适用。具体代码如例 10-13 所示。

【例 10-13】 tokenList 中查找一个 token。

```
def findToken(collection, condition, token):
    """
    :param collection: 数据库表名
    :param condition: 查询条件,如:{"documentId": "XXXX", "templateId":"XXX",
...}
    :param token: {"tokenId": "XXX"}
    :return: token 的具体内容
    """
    try:
        result = collection.find_one(condition)
        if result is None:
            return None
        tokenList = result.get('tokenList')
        for i in tokenList:
            if i.get('tokenId') == token.get('tokenId'):
                return i
    except Exception as e:
        print(e)
```

第**11**章

11章.txt

案例实战——使用**HBase**实现商品批量存储

前文介绍了 HBase 数据库的使用方法和适用范畴,本章将会以一个使用 Spark 读 Hive 写 HBase 的实例进一步讲述 HBase 数据库在面对海量数据存储时的使用方式和其读写功能的强大之处。

在这个案例中,需要实现某外卖平台的部分数据存储功能。该平台需要存储大量商家和商家对应菜品等信息。由于数据量较大,项目搭建大数据平台采取 HDFS 分布式存储方式。使用 Spark 读 Hive 中的数据写到 HBase 中。因为 HBase 数据库在处理海量数据时具有较大优势,所以项目采用 HBase 数据库存储数据。在接下来的分析中,将以该外卖平台搭建的 Hadoop 平台存储数据到 HBase 的过程作为案例讲解使用 HBase 数据库读写数据。

11.1 数据库设计

本案例只关注于数据在 Hive 和 HBase 表中的存储。

HFile 数据在 Hive 表中的存储信息在表 11-1 中给出。可以看到 poi_id 中含有商家 id,dt 中含有 Hive 表分区的信息,这两个信息都是该表的索引。其他字段包括 clean_info 和 process_info 中的数据和 ctime 中的时间戳。

表 11-1　Hive 数据存储表

属　　性	类　　型	备　　注
poi_id	String	商家 id
clean_info	String	清洗后的数据

续表

属　　　性	类　　　型	备　　　注
process_info	String	综合数据
ctime	List	当前时间
dt	String	Hive 表分区（日期：天）

数据在 Hadoop 中处理需要用到 Hive 表，而将这些数据存储到 HBase 集群同样需要 HBase 数据存储表。HFile 数据在 HBase 表中的存储信息在表 11-2 中给出，其中，rowkey 作为热键存储商家 id，dt 中存储了 HBase 表分区，food_info 存储所有的食物信息。

表 11-2　HBase 数据存储表

属　　　性	类　　　型	备　　　注
rowkey	String	row_key，也就是商家 id
dt	String	HBase 表分区
food_info	String	商家食物信息

11.2　复杂数据处理

11.2.1　数据读取

项目导入的数据为 UTF-8 编码的字符串数据，而以二进制字符格式进行数据读写和存储较为容易，所以笔者定义了压缩解压方法。压缩方法将字符串数据压缩为字符数组格式的数据，对应地，解压方法将压缩后的字符数组解压为对应的 UTF-8 编码的字符串格式数据。对于压缩后的数据，笔者定义了 readUShort() 方法进行读入。具体方法如例 11-1 所示。

【例 11-1】　readUShort() 方法。

```
def readUShort (bytes:Array[Byte]):Int={
    val b: Int = ((bytes(1) & 0x000000FF) << 8) + bytes(0)
    ((( (bytes(3) & 0x000000FF) << 8) + bytes(2)) << 8) | b
}
```

11.2.2　压缩信息

在读写数据到 HBase 数据库前，首先定义方法用作数据的压缩和解压。其中，compress() 函数完成了将 UTF-8 编码的字符串数据压缩为字节数组的功能，在数据转换过程中需要注意对空字符串的判断。函数内容如例 11-2 所示。

【例 11-2】　compress()方法。

```
def compress(str:String)={
  var output = Array[Byte]()
  if(!str.isEmpty){
    val out = new ByteArrayOutputStream()
    val gzip = new GZIPOutputStream(out)
    gzip.write(str.getBytes("UTF-8"))
    gzip.close()
    output=out.toByteArray
  }
  output
}
```

例 11-2 中调用 Java API 中的实现类 GZIPOutputStream 对输入进行压缩。

11.2.3　解压信息

另一方面,笔者定义 decompress()方法实现字节数组到字符串的数据处理。要注意的是,在将字节数组转换为字符串时,不但要判断数组是否为空,还需要判断该字节数组是否是已压缩状态,压缩状态的字节数组可解压为对应的 UTF-8 编码字符串形式存储,非压缩状态的字节数组不可解压为字符串形式。具体代码如例 11-3 所示。

【例 11-3】　decompress()方法。

```
def decompress(bytes:Array[Byte])={
  var str = ""
  if(!bytes.isEmpty){
    if(readUShort(bytes)==0x8b1f){
      val out = new ByteArrayOutputStream()
      val in = new ByteArrayInputStream(bytes)
      val gunzip= new GZIPInputStream(in)
      val buffer =new Array[Byte](256)
      var b = gunzip.read(buffer)
      while(b  >= 0){
        out.write(buffer,0,b)
        b = gunzip.read(buffer)
      }
      in.close()
      str= out.toString("UTF-8")
    }else{
      println("not gzip format")
      str = Bytes.toString(bytes)
    }
  }
}
```

```
    str
  }
```

例 11-3 中对应地用到了 GZIPInputStream 的方法对压缩文件进行解压。

11.3 数据读写

11.3.1 从 Hive 获取数据表

想要将数据写入 HBase 集群,首先需要将数据从 Hadoop 集群读取。

首先在 DataWrite.scala 文件中引入 SparkConf 和 SparkContext 对象。要知道,任何 Spark 程序都是以 SparkContext 开始的,而 SparkContext 的初始化需要一个 SparkConf 对象,该对象中包含 Spark 集群配置中的各种参数。

在 DataWrite 对象中首先使用 SparkConf()方法初始化,同时使用 Kryo 序列化。使用 SparkConf()方法初始化的具体代码如例 11-4 所示。

【例 11-4】 SparkConf()方法。

```
import org.apache.spark.sql.hive.HiveContext
import org.apache.spark.{SparkConf, SparkContext}

val sc = new Context(new SparkConf().set("spark.serializer", "org.apache.
spark.serializer.KryoSerializer"))
```

接下来创建一个名为 sqlContext 的 HiveContext 变量,HiveContext 是 Spark SQL 的一个分支,用于操作 Hive。例 11-5 就是通过 Spark 使用 SQL 语句从 Hadoop 集群获取 Hive 表中的数据,并将数据按照存入 HBase 表中的格式重新存储。

【例 11-5】 sqlContext。

```
val sqlContext = new HiveContext(sc)
val clean_input = sqlContext.sql(
  """
  select
a.poi_id,
    a.clean_info,
    a.process_info,
    a.dt
  from origin_waimai.waimai_baifood_streaming_data a
  join
  ( select
    poi_id,
    max(ctime) as max_ctime,
    dt
```

```
   from origin_waimai.waimai_baifood_streaming_data
   where dt='"""' + cur_dt + '"""'
   GROUP BY poi_id,dt
 ) b
 on a.poi_id=b.poi_id and a.dt=b.dt and a.ctime=b.max_ctime
 where a.dt='"""' + cur_dt + '"""' """.stripMargin
)
```

在例 11-5 中 poi_id 表示商家 id,clean_info 表示清洗后的数据,process_info 表示综合数据,dt 表示 Hive 表分区,其日期按天计算。

获取 Hive 表中的数据后将其按照 HBase 中所需数据存储格式整理好后存储到 HBase 中,具体代码如例 11-6 所示,代码使用 poi_id ＋日期作为 row_key 避免读写热点。

【例 11-6】　存储数据到 HBase。

```
val clean_field = clean_input.map(
e => {
  val poi_id =if(e.getString(0).length<=3) e.getString(0) else  poi_covert
(e.getString(0))
  val clean_info = if(e.isNullAt(1)) Array[Byte]() else e.getAs[Array[Byte]](1)
  val process_info = if(e.isNullAt(2)) Array[Byte]() else e.getAs[Array
[Byte]](2)
  val dt = e.getString(3)
  (poi_id,clean_info,process_info,dt)
}
)
val clean_family = Bytes.toBytes("cl")
val process_family = Bytes.toBytes("pr")
val column = Bytes.toBytes("info")
val clean= clean_field.flatMap(line => {
  val result = ListBuffer[(ImmutableBytesWritable,KeyValue)]()
  val cl_rowkey = (line._1 + "_" + line._4).getBytes()
result += ((new ImmutableBytesWritable(cl_rowkey), new KeyValue(cl_rowkey,
clean_family, column, line._2)))
if(!line._3.isEmpty){
  val dt_list = JSON.parseArray(decompress(line._3))
  for (i <- 0 until dt_list.size()) {
    val one_dt = dt_list.getJSONObject(i)
    val dt = one_dt.getString("dt")
    val pr_rowkey = line._1 + "_" + dt
  val food_info = one_dt.getString("food_info")
if(!food_info.isEmpty){
    result += ((new ImmutableBytesWritable(pr_rowkey.getBytes()), new KeyValue
(pr_rowkey.getBytes(), process_family, column, compress(food_info))))
```

```
      }
  }
    }
    result.toList
}).map(a => a)
val result = clean.sortByKey()
val stagingFolder = "viewfs://hadoop-meituan/user/hadoop-waimai/hbase/spark
_streaming_waimai_baifood/"
val fileSystem = FileSystem.get(new URI("viewfs://hadoop-meituan"),  new
Configuration())
val path = new Path(stagingFolder)
if (fileSystem.exists(path)) {
  fileSystem.delete(path, true)
}
result.saveAsNewAPIHadoopFile(stagingFolder,
  classOf[ImmutableBytesWritable],
  classOf[KeyValue],
  classOf[HFileOutputFormat2])
println("[SparkToHBase INFO] write hfile finish")
sc.stop()
```

11.3.2　将数据复制到 HBase 集群

因为 HBase 集群和 Hadoop 集群不是同一个集群,所以案例需要将 HFile 数据从主集群复制到指定的 HBase 集群中。这之后需要将 HFile 数据写入表中。为了完成这两个功能,笔者定义了方法 distcpAndBulkload()。该方法是基于 Spark 通过 BulkLoad 对 HBase 进行导入。BulkLoad 的原理是使用 MapReduce 直接生成 HFile 格式文件后,Region Server 再将 HFile 文件移动到相应的 Region 目录下,这种特性使其常常应用于海量数据的导入。

笔者定义 HFileSuppert 数据操作工具类,在类中创建方法,定义变量 HBaseDist 和 pathOnHBaseCluster 确定 HBase 集群路径。具体代码如例 11-7 所示。

【例 11-7】 HFileSuppert 数据操作工具类。

```
def distcpAndBulkload(outputTempFile : String, hbaseTempFile : String,
tmpPathName:String) = {
  val HBaseDist = s"hdfs://$activeNameNode$hbaseTempFile"
  val pathOnHBaseCluster = s"$hBaseFS$hbaseTempFile$tmpPathName"
  ...
```

这之后定义和配置变量 job 加载待录入表,具体代码如例 11-8 所示。

【例 11-8】 定义和配置变量 job。

```
def distcpAndBulkload(outputTempFile : String, hbaseTempFile : String,
tmpPathName:String) = {
```

```
...
val job = Job.getInstance(distcpConf)
job.setMapOutputKeyClass(classOf[ImmutableBytesWritable])
job.setMapOutputValueClass(classOf[KeyValue])
HFileOutputFormat2.configureIncrementalLoad(job, hTable)
...
```

方法准备部分包括为 HFile 数据的输出位置准备路径,具体代码如例 11-9 所示。

【**例 11-9**】　为 HFile 数据的输出位置准备路径。

```
def distcpAndBulkload(outputTempFile : String, hbaseTempFile : String,
tmpPathName:String) = {
...
val hFilePath = new Path(outputTempFile)
val fs = FileSystem.get(distcpConf)
fs.makeQualified(hFilePath)
try {
...
```

路径和表准备好后就可以编写 distcp()函数体将 HFile 数据从主集群复制到指定的
HBase 集群中,具体代码如例 11-10 所示。代码中 catch 块判断异常,finally 块清除多余缓存。

【**例 11-10**】　distcp()函数体。

```
...
try {
val opt: DistCpOptions = OptionsParser. parse ( Array ( outputTempFile,
HBaseDist))
opt.setBlocking(false)
val calendar = Calendar.getInstance()
val hour = calendar.get(Calendar.HOUR_OF_DAY)
if (hour >= 1 && hour <= 6) {
    opt.setMapBandwidth(50)
} else {
    opt.setMapBandwidth(5)
}
val distCp = new DistCp(distcpConf, opt)
val dc = distCp.execute()
if (!dc.waitForCompletion(true)) {
    println("[SparkToHBase INFO] Finish to Distcp!")
}
HFileSupport.setPermisionRecursively(fs, new Path(HBaseDist + tmpPathName))
new LoadIncrementalHFiles ( bulkloadConf ). run ( Array ( pathOnHBaseCluster,
tableName))
```

```
} catch {
  case e: IllegalArgumentException =>{
    println(e.toString())
    println(e.getStackTraceString)
    if (!job.isSuccessful) {
      println("[SparkToHBase ERROR] Distcp is failed!")
    }
  }
  case e: Exception => println(e.toString())
} finally {
  FileSystem.get(bulkloadConf).delete(new Path(pathOnHBaseCluster), true)
  println("[SparkToHBase INFO] delete temp file")
}
...
```

定义了 distcp 方法后即可创建一个实例将数据从主集群复制到指定 HBase 集群。创建该实例如例 11-11 所示。

【例 11-11】　创建一个实例将数据从主集群复制到指定 HBase 集群。

```
var distcpConf: Configuration = HBaseConfiguration.create()
distcpConf.set("mapred.job.queue.name", jobQueue)
distcpConf.set(TableOutputFormat.OUTPUT_TABLE, tableName)
```

这之后如例 11-12 所示使用 BulkLoad 方法，在指定的 HBase 集群（而不是主集群）中运行 BulkLoad。

【例 11-12】　BulkLoad 方法。

```
var bulkloadConf: Configuration = new Configuration(false)
bulkloadConf.setQuietMode(false)
bulkloadConf.addResource("core-default-hdp.xml")
bulkloadConf.addResource("hdfs-default-hdp.xml")
bulkloadConf.addResource("yarn-default-hdp.xml")
bulkloadConf.addResource("mapred-default-hdp.xml")
bulkloadConf.addResource("core-site-hdp.xml")
bulkloadConf.addResource("hdfs-site-hdp.xml")
bulkloadConf.addResource("hbase-policy-hdp.xml")
bulkloadConf.addResource("hbase-site-hdp.xml")
```

创建 BulkLoad 实例的同时还需要创建 HTable 实例，如例 11-13 所示将数据存入对应的表中。

【例 11-13】　将数据存入对应的表。

```
var hTable: HTable = new HTable(distcpConf, tableName)
```

11.3.3　读取数据

想要读取从 Hive 导入到 HBase 中的数据需要使用到 11.3.2 节定义的 distcpAndBulkload 方法。案例中创建了 DataRead 对象实现具体数据的导入，具体代码如例 11-14 所示，首先定义表和路径的名称，然后使用 hFileSupport 类中的 distcpAndBulkload 方法导入具体数据。

【例 11-14】　distcpAndBulkload 方法。

```
val tableName = "waimai_baifood"
val jobQueue = "root.hadoop-waimai.etl"
val sourcePath = "/user/hadoop - waimai/hbase/spark _ streaming _ waimai _
baifood/"
val targetPath = "/user/hadoop-waimai/hbase/"
val targetPathSub = "spark_streaming_waimai_baifood/"
val hFileSupport = new HFileSupport(tableName, jobQueue)
hFileSupport.distcpAndBulkload(sourcePath, targetPath,targetPathSub)
```

导入数据后可定义方法展示导入的数据，笔者定义了 testQuerySome 方法，以表格名称作为索引查找具体表格展示，具体代码如例 11-15 所示，表格读取完成后需要关闭 HBase 表。

【例 11-15】　testQuerySome 方法。

```
def testQuerySome(tableName: String) = {
    val poi_list= List("00100021404834351582","3414348934")
    println("get some poi data")
    val hconf = HBaseConfiguration.create()
    val table = new HTable(hconf,tableName)
    val gets = new ArrayList[Get]()
    val sdf = new SimpleDateFormat("yyyyMMdd")
    val today = sdf.format(DateUtils.addDays(new Date(), 0).getTime)
    poi_list.foreach(a=> gets.add(new Get((a+"_"+today).getBytes())))
    val info = table.get(gets)
    info.foreach(a => {
        if(a.containsColumn("cl".getBytes(),"info".getBytes())){
            val rowkey = Bytes.toString(a.getRow)
            val value = decompress(a.getValue("cl".getBytes(),"info".getBytes()))
            println("poi_id + dt is :"+rowkey + "     " + value)
        }
    })
    table.close()
}
```

第**12**章

12章.txt

案例实战——使用Redis实现 高并发秒杀系统

前文讲述了 Redis 数据库的使用,本章将结合 Redis 实现一个高并发秒杀系统,以购物系统为例,使用 Redis 解决实际场景中的高并发问题。这里使用 SpringBoot 作为框架、Maven 作为项目管理工具。

本章的案例将从 SpringBoot 项目的创建讲起,通过使用 Java 连接 Redis 数据库的一系列操作到接口的可用性测试、压力测试,详细地描述一个完整项目的应用。

12.1 创建 SpringBoot 项目与配置

12.1.1 创建 SpringBoot 项目

首先如图 12-1 所示打开 IDEA,创建一个 Maven 项目,选择 File → New → Project,选择 Maven,并且不添加框架,单击 Next 按钮。

接下来如图 12-2 所示输入项目名,再单击 Finish 按钮即可成功创建项目。

12.1.2 编辑 pom.xml

之后打开项目,进入 pom.xml 文件,添加 SpringBoot、Redis、MySQL、Mybatis 和 FastJSON 依赖,并设置 parent 为 spring-boot-starter-parent。

spring-boot-starter-parent 用来提供相关的 Maven 默认依赖,并可提供 Dependency Management 进行项目依赖的版本管理,如指定实际依赖的版本号。使用它之后,部分包依赖可以省去 version 标签。

spring-boot-starter-web 引入了 Web 模块开发需要的相关 jar 包,spring-boot-

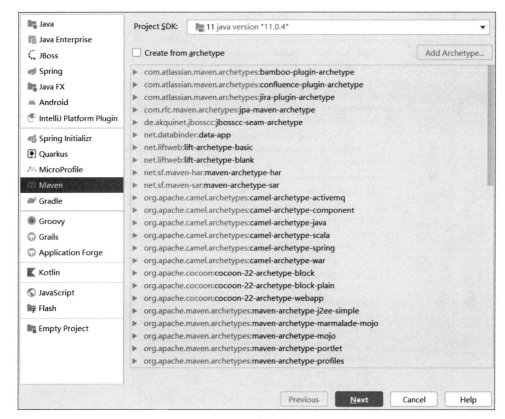

图 12-1　在 IDEA 中创建 Maven 项目

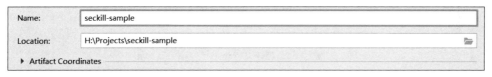

图 12-2　输入项目名

starter-data-redis 提供了 Redis 的相关依赖。与 Jedis 不同，spring-boot-starter-data-redis 实现了对 Lettuce 和 Jedis 的封装（默认使用 Lettuce），并更好地集成到 SpringBoot 中。mybatis-spring-boot-starter 类似一个中间件，连接 Spring Boot 和 MyBatis，构建基于 SpringBoot 的 MyBatis 应用程序。FastJSON 则可以便捷地处理 JSON 请求。mysql-connector-java 用于连接 MySQL 数据库。pom.xml 文件的内容如图 12-3 所示。

12.1.3　创建 SpringBoot 入口

然后在 src/main/java 文件夹下面创建和创建程序时 GroupId 相同的包（例如创建时 GroupId 为 org.example，这里就创建 org/example 包，也可以在 example 内创建其他包），如图 12-4 所示。

接着在创建的包内新建一个 Java 文件，名为 SecKillDemoApplication，并编写

```
11    <parent>
12        <groupId>org.springframework.boot</groupId>
13        <artifactId>spring-boot-starter-parent</artifactId>
14        <version>2.2.5.RELEASE</version>
15        <relativePath/> <!-- lookup parent from repository -->
16    </parent>
17
18    <dependencies>
19        <dependency>
20            <groupId>org.springframework.boot</groupId>
21            <artifactId>spring-boot-starter-web</artifactId>
22        </dependency>
23        <dependency>
24            <groupId>org.springframework.boot</groupId>
25            <artifactId>spring-boot-starter-data-redis</artifactId>
26        </dependency>
27        <dependency>
28            <groupId>org.mybatis.spring.boot</groupId>
29            <artifactId>mybatis-spring-boot-starter</artifactId>
30            <version>1.3.2</version>
31        </dependency>
32        <dependency>
33            <groupId>com.alibaba</groupId>
34            <artifactId>fastjson</artifactId>
35            <version>1.2.73</version>
36        </dependency>
37        <dependency>
38            <groupId>mysql</groupId>
39            <artifactId>mysql-connector-java</artifactId>
40            <version>8.0.21</version>
41        </dependency>
42    </dependencies>
```

图 12-3　pom.xml

New Package
org.example

图 12-4　SecKillDemoApplication.java

SpringBoot 的启动代码。代码如图 12-5 所示。

```
package org.example;

import org.springframework.boot.SpringApplication;
import org.springframework.boot.autoconfigure.SpringBootApplication;

@SpringBootApplication
public class SecKillDemoApplication {
    public static void main(String[] args) { SpringApplication.run(SecKillDemoApplication.class, args); }
}
```

图 12-5　SecKillDemoApplication.java

接下来在 resources 内新建 application.xml，用于存放 SpringBoot 的配置信息，主要内容有 MySQL 和 Redis 的连接配置以及 MyBatis 的配置。application.xml 文件的内容

如图 12-6 所示。

```yaml
spring:
  # 数据库连接
  datasource:
    driver-class-name: com.mysql.cj.jdbc.Driver
    url: jdbc:mysql://127.0.0.1:3306/seckill?serverTimezone=GMT%2B8&useSSL=true
    username: root
    password: 123456
  # redis配置
  redis:
    host: 127.0.0.1
    port: 6379
    timeout: 180000

# mybatis配置
mybatis:
  mapper-locations: classpath:mapper/*.xml
  type-aliases-package: org.example.entity
  configuration:
    # 使用jdbc的getGeneratedKeys 可以获取数据库自增主键值
    use-generated-keys: true
    # 使用列别名替换列名，默认true。如: select name as title from table
    use-column-label: true
    # 开启驼峰命名转换，如: Table(create_time) -> Entity(createTime)。
    map-underscore-to-camel-case: true
```

图 12-6　application.xml

12.2　数据库操作

12.2.1　建库与插入数据

在具体编写秒杀应用前,需要先思考一下业务逻辑。商品至少需要拥有名称、价格和库存 3 个属性。用户可以查询所有商品,也可以查询单个商品。用户可以对商品进行购买,当商品库存大于 0 时,购买将成功,否则失败。用户成功购买后,需要存储订单信息,订单信息内至少要有商品 ID、用户 ID、交易金额和创建时间。

这样一来,数据库中需要有 3 个实体：用户、商品和订单。为了简化需求,在这里将用户用手机号代替,即用户购买时需要提供手机号。

需求确定后,进行建库操作。建库操作如例 12-1 所示。

【例 12-1】　建库操作。

```sql
CREATE TABLE `commodity`(
  `id` bigint NOT NULL AUTO_INCREMENT COMMENT '商品 ID',
  `title` varchar (1000) NOT NULL COMMENT '商品名',
  `price` decimal (10,2) NOT NULL COMMENT '商品价格',
  `stock` bigint NOT NULL COMMENT '剩余库存数量',
  PRIMARY KEY (`id`)
) CHARSET=utf8mb4 ENGINE=InnoDB COMMENT '商品表';
```

```
CREATE TABLE `order`(
  `id` bigint NOT NULL AUTO_INCREMENT COMMENT '订单 ID',
  `commodity_id` bigint NOT NULL COMMENT '商品 ID',
  `money` decimal (10, 2) NOT NULL COMMENT '支付金额',
  `phone` bigint NOT NULL COMMENT '用户手机号',
  `create_time` timestamp NOT NULL DEFAULT CURRENT_TIMESTAMP COMMENT '创建时
间',
  PRIMARY KEY (`id`)
) CHARSET=utf8mb4 ENGINE=InnoDB COMMENT '订单表';

INSERT INTO commodity (title, price, stock) VALUES('Apple/苹果 iPhone 11 国行原
装苹果全网通 4G 手机', 5600.00, 10);
INSERT INTO commodity (title, price, stock) VALUES('ins 新款连帽毛领棉袄宽松棉衣
女冬外套学生棉服', 200.00, 10);
INSERT INTO commodity (title, price, stock) VALUES('可爱超萌兔子毛绒玩具垂耳兔公
仔布娃娃睡觉抱女孩玩偶大号女生 ', 160.00, 500);
```

在例 12-1 中 commodity 表为商品表,order 表为订单表,接下来的几条 INSERT 指令为向商品表添加数据。

12.2.2　创建实体类

之后创建实体类。首先新建一个 entity 文件夹,然后分别编写商品和订单对应的实体类,如图 12-7 和图 12-8 所示。

```java
public class Commodity {

    private final long id;
    private final String title; // 商品标题
    private final BigDecimal price; // 价格
    private final long stock; // 剩余库存数量

    public Commodity(long id, String title, BigDecimal price, long stock) {
        this.id = id;
        this.title = title;
        this.price = price;
        this.stock = stock;
    }

    public Long getId() { return id; }

    public String getTitle() { return title; }

    public BigDecimal getPrice() { return price; }

    public long getStock() { return stock; }
}
```

图 12-7　Commodity.java

```
public class Order {

    private long id;  // 订单ID
    private BigDecimal money;  // 支付金额
    private long phone;  // 秒杀用户的手机号
    private long commodityId;  // 秒杀到的商品ID

    @DateTimeFormat(pattern = "yyyy-MM-dd HH:mm:ss")
    @JsonFormat(pattern = "yyyy-MM-dd HH:mm:ss", timezone = "GMT+8")
    private Date createTime;  // 创建时间
}
```

图 12-8　Order.java

12.2.3　编写 mapper 文件

之后编写查询所有商品、查询单个商品、减少库存和插入订单的代码。MyBatis 需要创建 mapper 文件和 xml 文件，mapper 文件用于提供 Java 接口，xml 文件则用于存放实现接口所需的 SQL 语句。

新建一个 mapper 文件夹，分别存放 CommodityMapper 和 OrderMapper。这两个方法的代码如图 12-9 和图 12-10 所示。

```
@Mapper
public interface CommodityMapper {

    /**
     * 查询所有秒杀商品的记录信息
     */
    List<Commodity> findAll();

    /**
     * 根据主键查询当前秒杀商品的数据
     */
    Commodity findById(long commodityId);

    /**
     * 减库存
     */
    void reduceStock(long commodityId);
}
```

图 12-9　CommodityMapper.java

```
@Mapper
public interface OrderMapper {

    /**
     * 插入购买订单明细
     *
     * @param commodityId 秒杀到的商品ID
     * @param phone 用户电话
     */
    void insert(@Param("commodityId") long commodityId, @Param("money") BigDecimal money, @Param("phone") String phone);
}
```

图 12-10　OrderMapper.java

之后如图 12-11 和图 12-12 所示在 resources 文件夹下新建一个 mapper 文件夹,存放 SQL 语句。

```xml
<?xml version="1.0" encoding="UTF-8"?>
<!DOCTYPE mapper PUBLIC "-//mybatis.org//DTD Mapper 3.0//EN"
        "http://mybatis.org/dtd/mybatis-3-mapper.dtd">

<mapper namespace="org.example.mapper.CommodityMapper">

    <select id="findAll" resultType="Commodity">
        SELECT * FROM commodity
    </select>

    <select id="findById" resultType="Commodity">
        SELECT * FROM commodity WHERE id = #{commodityId}
    </select>

    <update id="reduceStock">
        UPDATE commodity
        SET stock = stock - 1
        WHERE id = #{commodityId}
        AND stock > 0
    </update>

</mapper>
```

图 12-11 CommodityMapper.xml

```xml
<?xml version="1.0" encoding="UTF-8"?>
<!DOCTYPE mapper PUBLIC "-//mybatis.org//DTD Mapper 3.0//EN"
        "http://mybatis.org/dtd/mybatis-3-mapper.dtd">

<mapper namespace="org.example.mapper.OrderMapper">

    <insert id="insert" useGeneratedKeys="true" keyProperty="id">
        INSERT INTO `order`(commodity_id, money, phone)
        VALUES (#{commodityId}, #{money}, #{phone})
    </insert>

</mapper>
```

图 12-12 OrderMapper.java

12.3 业务逻辑

12.3.1 Redis 配置

接下来就可以正式编写业务逻辑了。这里使用 spring-boot-starter-data-redis 通过 RedisTemplate 提供操作接口,首先编写 RedisConfig,即 Redis 的配置文件。新建一个 config 文件夹,用于存放 RedisConfig.java,然后编写配置文件。具体内容如图 12-13 所示。

```java
@Configuration
public class RedisConfig {

    @Bean
    RedisTemplate<String, Object> redisTemplate(RedisConnectionFactory redisConnectionFactory) {
        RedisTemplate<String, Object> redisTemplate = new RedisTemplate<>();
        redisTemplate.setConnectionFactory(redisConnectionFactory);
        Jackson2JsonRedisSerializer<Object> jackson2JsonRedisSerializer = new Jackson2JsonRedisSerializer<>(Object.class);
        // 设置值（value）的序列化采用Jackson2JsonRedisSerializer.
        redisTemplate.setValueSerializer(jackson2JsonRedisSerializer);
        // 设置键（key）的序列化采用StringRedisSerializer.
        redisTemplate.setKeySerializer(new StringRedisSerializer());
        redisTemplate.setHashKeySerializer(new StringRedisSerializer());
        redisTemplate.afterPropertiesSet();
        return redisTemplate;
    }

    @Bean
    RedisMessageListenerContainer container(RedisConnectionFactory connectionFactory,
                                            MessageListenerAdapter listenerAdapter) {
        RedisMessageListenerContainer container = new RedisMessageListenerContainer();
        container.setConnectionFactory(connectionFactory);
        //订阅一个叫 mq 的信道
        container.addMessageListener(listenerAdapter, new PatternTopic("mq"));
        return container;
    }

    /**
     * 消息监听处理器
     */
    @Bean
    MessageListenerAdapter listenerAdapter(MqService receiver) {
        //给messageListenerAdapter 传入一个消息接收的处理器，利用反射的方法调用"receiveMessage"
        return new MessageListenerAdapter(receiver, defaultListenerMethod: "receiveMessage");
    }
}
```

图 12-13 RedisConfig.java

redisTemplate()方法对 Redis 的连接方式、序列化方式进行了初始化配置。除此之外，这里还有消息队列的相关代码，Redis 还提供了消息队列的功能，消息队列是在消息的传输过程中保存消息的容器。使用 Redis 的消息队列需要先创建一个消息队列的监听容器，并订阅信道、设置消息监听处理器进行处理。listenerAdapter()方法用到的MqService 是服务层的一个接口，其中包含一个 receiveMessage()方法处理消息。每当往消息队列发送信息后，监听处理器会通过反射的方式调用处理方法。

12.3.2 编写控制层

接下来编写 SecKillController，即控制层。SpringBoot 形成了 Controller、Service 结构，控制层可以接受外部请求，并根据请求的 API 分别处理。对于错误的请求类型则会返回 405(Method Not Allowed)错误。请求参数的发送和接收方式有多种，这里使用了@RequestParam 和 @RequestBody 注解，分别可以接收 Query 类型(如/find？id＝123&name＝xxx)和 JSON 格式的数据。具体代码如图 12-14 所示。

图 12-14 的代码编写 3 个接口/list、/findById 和/buy，分别对应查询所有商品、按 ID 查询商品和购买商品。在控制层中，只需要接收前端发送的参数和返回请求结果，具体的

```
@RestController
public class SecKillController {

    private final SecKillService secKillService;

    public SecKillController(SecKillService secKillService) { this.secKillService = secKillService; }

    @GetMapping("/list")
    public Result getAllCommodity () {
        List<Commodity> list = secKillService.findAll();
        return Result.ok().data("commodityList", list);
    }

    @GetMapping("/findById")
    public Result findById(@RequestParam("id") Long id) {
        Commodity commodity = secKillService.findById(id);
        return Result.ok().data("commodity", commodity);
    }

    @PostMapping("/buy")
    public Result buy(@RequestBody JSONObject request) {
        Long commodityId = request.getLong( key: "commodityId");
        BigDecimal money = request.getBigDecimal( key: "money");
        String phone = request.getString( key: "phone");
        if (secKillService.buy(commodityId, money, phone)) {
            return Result.ok();
        } else {
            return Result.error();
        }
    }
}
```

图 12-14　RedisConfig.java

业务逻辑交由服务层处理。

这里的 Result 是一个数据传输对象（Data Transfer Object，DTO），可以简化数据传输编写并提高效率。

如图 12-15 所示创建一个 dto 文件夹，用于存放各种数据传输对象。

Result 中的 get() 方法以及实体类的 get() 会在后端返回数据的时候被自动调用转换为 JSON，如果没有 get() 方法则无法返回正确的值。

12.3.3　编写服务层

完成控制层后，编写服务层，具体实现业务逻辑。首先创建 service 文件夹，并创建 SecKillService 接口，如图 12-16 所示。SecKillService 内有三个方法，分别和控制层的查询所有商品、按 ID 查询商品和购买商品相对应。

之后在 service 文件夹下创建 impl 文件夹，用于存放接口的实现，接下来就是具体业务逻辑的编写了。

在服务中，用 StringRedisTemplate 完成对 Redis 的调用。StringRedisTemplate 继

```java
public class Result {

    private boolean success;
    private String message;
    private final Map<String, Object> data = new HashMap<>();

    public boolean isSuccess() { return success; }

    public String getMessage() { return message; }

    public Map<String, Object> getData() { return data; }

    public static Result ok() {
        Result result = new Result();
        result.success = true;
        result.message = "操作成功";
        return result;
    }

    public static Result error() {
        Result result = new Result();
        result.success = false;
        result.message = "操作失败";
        return result;
    }

    public Result data(String key, Object value) {
        this.data.put(key, value);
        return this;
    }

    public Result message(String message) {
        this.message = message;
        return this;
    }
}
```

图 12-15　Result.java

```java
public interface SecKillService {

    List<Commodity> findAll();

    Commodity findById(Long commodityId);

    boolean buy(long commodityId, BigDecimal money, String phone);
}
```

图 12-16　SecKillService.java

承了 RedisTemplate，两者的数据是不共通的，也就是说，StringRedisTemplate 只能管理 String RedisTemplate 里面的数据，RedisTemplate 只能管理 RedisTemplate 中的数据。两者之间的区别主要在于它们使用的序列化类：RedisTemplate 使用的是 JdkSerializationRedisSerializer 存入数据，会将数据先序列化成字节数组然后再存入 Redis 数据库；而 StringRedisTemplate 使用的是 StringRedisSerializer，存储的数据都是字符串。

当需要存取字符串类型的数据时,使用 StringRedisTemplate 更加方便。而当数据是复杂的对象类型,如果取出的时候又不想做任何的数据转换,直接从 Redis 里面取出一个对象,那么使用 RedisTemplate 是更好的选择。

先完成 findAll()方法,在这里需要返回一个商品列表。理论上来看,对于控制层每次调用 findAll()方法时,可以直接访问数据库获取到所有的商品信息;但是,当并发量较大时,频繁地获取商品表的所有元素会消耗大量性能,甚至造成卡顿。因此在这里使用 Redis 作为缓存层,在每次获取所有商品前,先访问一下 Redis 是否已经有缓存好的数据,如果有则直接返回,如果没有再从数据库中获取,这样就将硬盘操作转换为内存操作,大大提升了效率。使用集合来管理所有的商品,集合内存储着所有的商品 ID,以便对每个商品分别查找。

在编码实现时,首先通过 StringRedisTemplate 拿到 Redis 的操作对象,BoundSetOperations、BoundHashOperations 等前面有 Bound 的方法可以对键进行绑定,不需要每次调用时都输入键名。之后尝试从 Redis 中获取存储商品 ID 的集合,如果未获取到或集合为空,则从数据库中获取所有的商品,并逐个存入 Redis。在这里使用 Redis 的哈希方法来存储商品对象,在存入时使用了 putIfAbsent()方法,表示如果 Redis 中没有这项数据,才进行写入。使用 putIfAbsent()方法可以避免高并发时带来线程不安全的重复写入问题。如果集合内有数据,则根据 ID 获取每个商品,并将商品加入待返回的列表,如果商品的缓存不存在,则从数据库中读取并写入 Redis。在设置商品的键时,注意前面增加了"commodity:",以与不同键区分,避免重复。如果调用了新增或删除商品的操作,记得要更新存储商品 ID 的集合,本示例中出于简化需求未实现。

findAll()方法的实现如图 12-17 所示。

接下来完成 findById()方法。这个方法较为简单,只需要查找 ID 对应的商品是否已经在 Redis 中被缓存,如果有则直接查询缓存,没有则从数据库中读取并写入缓存,之后返回商品对象。findById()方法具体内容如图 12-18 所示。

还剩下最为关键的秒杀方法 buy()。执行秒杀方法时,需要考虑原子性,要尽可能避免缓存与数据库的不一致现象,以及产品的超发现象。再思考一下为什么要用 putIfAbsent()方法呢? 因为在执行秒杀操作时,可能会出现 Redis 已经执行完秒杀操作而暂时没有来得及写入数据库的情况,如果这时再次读取数据库并更新 Redis 中的库存,就会出现之前已经减少的库存又被加上了的情况。

在这里使用 putIfAbsent()解决了缓存与数据库的不一致问题,那么超发现象应该如何处理呢? Redis 的每个操作都是原子性的,在执行秒杀操作时,可能需要判断当前库存是否大于 0,如果大于 0 则执行秒杀操作,否则失败。但是,判断库存和秒杀这两个操作之间可能会存在线程不安全:高并发时,假设当前库存为 1,有两个请求同时满足了库存大于 0 的要求,这时,如果进行两次对库存的递减操作则会将库存减为 -1,出现了超发的情况。

有多种方法可以解决这种问题,例如,加锁、合并为原子操作等。在这里,采用合并为原子操作的方式解决。可以编写脚本操作 Redis,Redis 会将整个脚本作为一个整体执行,中间不会被其他命令插入。因此在编写脚本的过程中无须担心会出现竞态条件,无须

```java
@Override
public List<Commodity> findAll() {
    BoundSetOperations<String, String> boundSetOperations = stringRedisTemplate.boundSetOps( key: "commodity");
    HashOperations<String, String, String> hashOperations = stringRedisTemplate.opsForHash();
    Set<String> commoditySet = boundSetOperations.members();
    List<Commodity> commodityList;
    if (commoditySet == null || commoditySet.isEmpty()) {
        // 说明缓存中没有商品列表数据
        // 查询数据库中商品数据, 并将列表数据循环放入redis缓存中
        commodityList = commodityMapper.findAll();
        for (Commodity commodity : commodityList) {
            // 将商品数据依次放入redis缓存中, key:商品的ID值
            String id = String.valueOf(commodity.getId());
            boundSetOperations.add(id);
            hashOperations.putIfAbsent( h: "commodity: " + id, hk: "title", commodity.getTitle());
            hashOperations.putIfAbsent( h: "commodity: " + id, hk: "price", commodity.getPrice().toString());
            hashOperations.putIfAbsent( h: "commodity: " + id, hk: "stock", String.valueOf(commodity.getStock()));
        }
    } else {
        commodityList = new ArrayList<>();
        Commodity commodity;
        for (String id : commoditySet) {
            String title = hashOperations.get( h: "commodity: " + id, o: "title");
            String price = hashOperations.get( h: "commodity: " + id, o: "price");
            String stock = hashOperations.get( h: "commodity: " + id, o: "stock");
            if (title == null || price == null || stock == null) {
                commodity = commodityMapper.findById(Long.parseLong(id));
                hashOperations.putIfAbsent( h: "commodity: " + id, hk: "title", commodity.getTitle());
                hashOperations.putIfAbsent( h: "commodity: " + id, hk: "price", commodity.getPrice().toString());
                hashOperations.putIfAbsent( h: "commodity: " + id, hk: "stock", String.valueOf(commodity.getStock()));
            } else {
                commodity = new Commodity(Long.parseLong(id), title, new BigDecimal(price), Long.parseLong(stock));
            }
            commodityList.add(commodity);
        }
    }
    return commodityList;
}
```

图 12-17 SecKillServiceImpl.java - findAll()方法

```java
@Override
public Commodity findById(Long commodityId) {
    Commodity commodity;
    BoundHashOperations<String, String, String> boundHashOperations = stringRedisTemplate.boundHashOps( key: "commodity: " + commodityId);
    String title = boundHashOperations.get("title");
    String price = boundHashOperations.get("price");
    String stock = boundHashOperations.get("stock");
    if (title == null || price == null || stock == null) {
        commodity = commodityMapper.findById(commodityId);
        boundHashOperations.putIfAbsent( hk: "title", commodity.getTitle());
        boundHashOperations.putIfAbsent( hk: "price", commodity.getPrice().toString());
        boundHashOperations.putIfAbsent( hk: "stock", String.valueOf(commodity.getStock()));
    } else {
        commodity = new Commodity(commodityId, title, new BigDecimal(price), Long.parseLong(stock));
    }
    return commodity;
}
```

图 12-18 SecKillServiceImpl.java - findById()方法

使用事务。

在构造方法中,创建一个脚本,如图 12-19 所示,它可以根据给定的键获取库存,如果库存小于等于 0 则返回 false,否则对库存执行减 1 操作并返回 true。这样就可以将查询

和减库存合并为一个原子操作,避免了超发现象。DefaultRedisScript<>()可以在Java
中创建一个Redis脚本,需要设置脚本返回类型、脚本文件路径或内容。

```java
private final StringRedisTemplate stringRedisTemplate;
private final CommodityMapper commodityMapper;
private final DefaultRedisScript<Boolean> redisScript;

public SecKillServiceImpl(StringRedisTemplate stringRedisTemplate, CommodityMapper commodityMapper) {
    this.stringRedisTemplate = stringRedisTemplate;
    this.commodityMapper = commodityMapper;
    redisScript = new DefaultRedisScript<>();
    redisScript.setResultType(Boolean.class);
    String script = "if tonumber(redis.call('HGET', KEYS[1], 'stock')) <= 0 then return false; " +
            "else redis.call('HINCRBY', KEYS[1], 'stock', -1); return true; " +
            "end;";
    redisScript.setScriptText(script);
}
```

图 12-19　SecKillServiceImpl.java - 构造方法

接下来就可以继续编写buy()方法了,如图12-20所示。

```java
@Override
public boolean buy(long commodityId, BigDecimal money, String phone) {
    BoundHashOperations<String, String, String> boundHashOperations = stringRedisTemplate.boundHashOps( key: "commodity: " + commodityId);
    String stockString = boundHashOperations.get("stock");
    long stock;
    if (stockString == null) {
        Commodity commodity = commodityMapper.findById(commodityId);
        stock = commodity.getStock();
        boundHashOperations.putIfAbsent( hk: "title", commodity.getTitle());
        boundHashOperations.putIfAbsent( hk: "price", commodity.getPrice().toString());
        boundHashOperations.putIfAbsent( hk: "stock", String.valueOf(stock));
    } else {
        stock = Long.parseLong(stockString);
    }
    // 提前做出判断
    if (stock <= 0) {
        return false;
    } else {
        Boolean result = stringRedisTemplate.execute(redisScript, Collections.singletonList("commodity: " + commodityId));
        if (result == null || !result) {
            return false;
        }
        // 秒杀成功
        stringRedisTemplate.convertAndSend( channel: "mq", message: "{" +
                "commodityId:" + commodityId +
                ", money:" + money +
                ", phone:'" + phone + '\'' +
                '}');
        return true;
    }
}
```

图 12-20　SecKillServiceImpl.java - buy()方法

图12-20中所写的方法需要根据给定的商品ID,先查询是否已经缓存,如果未缓存
则从数据库中读取并写入缓存,然后查询库存是否大于0,如果大于0则执行秒杀操作,
否则返回秒杀失败。执行秒杀操作后,如果脚本返回失败则表示秒杀失败,若成功则向之
前创建的消息队列写入一个待创建的订单信息,包含商品ID、金额和用户电话,订单信息
采用JSON格式,便于解析。convertAndSend()方法可以将消息发送至消息队列而不阻
塞。使用消息队列可以不需要等待数据库执行操作即返回结果,进一步提高了并发量;同

时,消息队列可以起到削峰作用,避免同一时间请求量过大导致数据库崩溃。

　　MqService 和 MqServiceImpl 分别如图 12-21～图 12-23 所示。它们完成的任务很简单,只需要在收到消息后对消息进行解析得到商品 ID、金额和用户电话,对商品执行减库存操作和写入订单即可。JSON.parseObject()方法可以将 JSON 格式的字符串解析为对象。

```java
public interface MqService {

    void receiveMessage(String message);

}
```

图 12-21　MqService.java

```java
@Service
public class MqServiceImpl implements MqService {

    private final CommodityMapper commodityMapper;
    private final OrderMapper orderMapper;

    public MqServiceImpl(CommodityMapper commodityMapper, OrderMapper orderMapper) {
        this.commodityMapper = commodityMapper;
        this.orderMapper = orderMapper;
    }

    public void receiveMessage(String message) {
        OrderDto orderDto = JSON.parseObject(message, OrderDto.class);
        commodityMapper.reduceStock(orderDto.getCommodityId());
        orderMapper.insert(orderDto.getCommodityId(), orderDto.getMoney(), orderDto.getPhone());
    }

}
```

图 12-22　MqServiceImpl.java

```java
public class OrderDto {
    private final long commodityId;
    private final BigDecimal money;
    private final String phone;

    public OrderDto(long commodityId, BigDecimal money, String phone) {
        this.commodityId = commodityId;
        this.money = money;
        this.phone = phone;
    }

    public long getCommodityId() { return commodityId; }

    public BigDecimal getMoney() { return money; }

    public String getPhone() { return phone; }
}
```

图 12-23　OrderDto.java

12.4 测试

12.4.1 使用 JMeter 压力测试工具

编写完程序之后,就测试一下看看效果吧!

在这里使用 JMeter 作为压力测试工具。JMeter 可以在 https://jmeter.apache.org/dow nload_jmeter.cgi 下载。下载解压后,单击 bin/jmeter.bat 即可运行 JMeter,Options 选项可以设置语言和外观。JMeter 软件如图 12-24 所示。

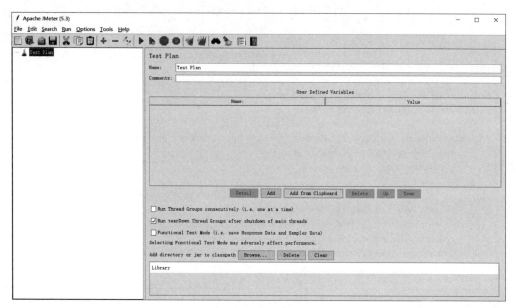

图 12-24　JMeter 界面

设置为简体中文后,单击"文件"→"新建"可以创建一个测试计划,右键单击测试计划选择"添加"→"线程(用户)"→"线程组"可以创建一个线程组用于测试。线程组可以设置线程数、Ramp-up 时间和循环次数。Ramp-up 时间表示启动所有线程花费的时间,如果使用 10 个线程,Ramp-up period 是 100s,那么 JMeter 用 100s 使所有 10 个线程启动并运行。每个线程会在上一个线程启动后 10s(100/10)启动。Ramp-up 需要充足长以避免在启动测试时有一个太大的工作负载,并且要充足小以至于最后一个线程在第一个完成前启动。

如图 12-25 所示设置线程数为 1000,Ramp-up 时间为 1s,循环次数为 10,实际上模拟了 10 000 个/秒的并发量。

线程属性	
线程数:	1000
Ramp-Up时间(秒):	1
循环次数　□永远	10

图 12-25　设置线程组并发量

12.4.2 测试/list 接口

接着右击线程组,单击"添加"→"取样器"→"HTTP 请求",得到如图 12-26 所示的界面。这样就可以设置发送的请求内容。

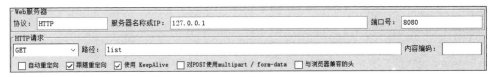

图 12-26 设置/list 请求内容

另外,可以用 Postman 查看返回内容是否正确,结果如图 12-27 所示,与之前写入数据库的数据相同。

```
1   {
2       "success": true,
3       "message": "操作成功",
4       "data": {
5           "commodityList": [
6               {
7                   "id": 1,
8                   "title": "Apple/苹果 iPhone 11 国行原装苹果全网通4G手机",
9                   "price": 5600.00,
10                  "stock": 10
11              },
12              {
13                  "id": 2,
14                  "title": "ins新款连帽毛领棉袄宽松棉衣女冬外套学生棉服",
15                  "price": 200.00,
16                  "stock": 10
17              },
18              {
19                  "id": 3,
20                  "title": "可爱超萌兔子毛绒玩具垂耳兔公仔布娃娃睡觉抱女孩玩偶大号女生 ",
21                  "price": 160.00,
22                  "stock": 500
23              }
24          ]
25      }
26  }
```

图 12-27 /list 的返回结果

12.4.3 测试/findById 接口

之后测试/findById 接口,修改 HTTP 请求的路径为 findById？id＝1,查询商品 ID 为 1 的商品信息,并右击汇总报告,选择"清除",否则上一次的记录仍将保留。

再次运行后,如图 12-28 所示可以看到查询单个商品支持的并发量为 5238.3 个/秒。

Label	# 样本	平均值	最小值	最大值	标准偏差	异常 %	吞吐量	接收 KB/sec	发送 KB/sec	平均字节数
HTTP请求	10000	34	4	64	10.87	0.00%	5238.3/sec	1810.91	659.91	354.0
总体	10000	34	4	64	10.87	0.00%	5238.3/sec	1810.91	659.91	354.0

图 12-28 /findById 的压力测试结果

12.4.4　测试/buy 接口

最后测试/buy 接口,首先修改请求类型为 POST,路径为 buy,之后添加消息体数据,如图 12-29 所示。

```
Web服务器
协议：  HTTP          服务器名称或IP:  127.0.0.1                              端口号：  8080
HTTP请求
POST        ∨   路径：  buy                                                  内容编码：
□自动重定向  ☑跟随重定向  ☑使用 KeepAlive  □对POST使用multipart / form-data  □与浏览器兼容的头
参数  消息体数据  文件上传
1 ⊟ {
2       "commodityId": 3,
3       "money": 160.0,
4       "phone": "13312345678"
5   }
```

图 12-29　设置/buy 请求内容

之后在如图 12-30 所示界面右击 HTTP 请求,单击"添加"→"配置元件"→"HTTP 信息头管理器",添加 Content-type：application/json,设置发送请求的内容为 JSON 格式。

```
HTTP信息头管理器
名称：  HTTP信息头管理器
注释：
信息头存储在信息头管理器中
        名称                              值
Content-Type                    application/json
```

图 12-30　设置 Content-Type

运行后,查看结果,可以发现支持的并发量约为 5512.7 个/秒。

根据图 12-31～图 12-33,可以看到成功执行了秒杀,并且没有出现超发现象。

```
127.0.0.1:6379> hgetall 'commodity: 3'
1) "price"
2) "160.00"
3) "stock"
4) "0"
5) "title"
6) "\xe5\x8f\xaf\xe7\x88\xb1\xe8\xb6\x85\xe8\x90\x8c\xe5\x85\x94\xe5\xad\x90\xe6\xaf\x9b\xe7\xbb\x92\xe7\x8e\xa9\xe5\x85
\xb7\xe5\x9e\x82\xe2\x80\xb3\xe5\x94\xe5\x85\xac\xxac\xe4\xbb\x94\xe8\x83\xa8\xe5\x83\x94\x9d\xa1\xe6\xa7
\x89\xe6\x8a\xb1\xe5\xa5\x3\xe5\xad\xa9\xe7\x8e\xa9\xe5\x81\xb6\xe5\xa4\xa7\xe5\x8f\xb7\xe5\xa5\xb3\xe7\x94\x9f"
```

图 12-31　Redis 中商品 ID 为 3 的商品缓存信息

```
mysql> select count(*) from  order ;
| count(*) |
|   500   |
1 row in set (0.00 sec)
```

图 12-32　数据库中订单表的条目总数

```
mysql> select * from order limit 5;
+----+--------------+--------+-------------+---------------------+
| id | commodity_id | money  | phone       | create_time         |
+----+--------------+--------+-------------+---------------------+
|  1 |            3 | 160.00 | 13312345678 | 2020-11-03 10:30:53 |
|  2 |            3 | 160.00 | 13312345678 | 2020-11-03 10:30:53 |
|  3 |            3 | 160.00 | 13312345678 | 2020-11-03 10:30:53 |
|  4 |            3 | 160.00 | 13312345678 | 2020-11-03 10:30:53 |
|  5 |            3 | 160.00 | 13312345678 | 2020-11-03 10:30:53 |
+----+--------------+--------+-------------+---------------------+
5 rows in set (0.00 sec)
```

图 12-33　数据库中订单表的前 5 条数据

第13章

实战案例——使用Neo4j实现
电影关系图构建

13章.txt

前文讲述了 Neo4j 的基础知识,本章将具体分析 Neo4j 数据库在实际应用中的应用场景。

本章的案例将要实现一个简单的电影和相关人物关系图的数据库设计。该关系图能够准确描述电影及其导演、演员的关系,并具有良好的扩展性。

案例采用图数据库的存储方式,着重体现结点和关系存储的重要性,突出体现了Neo4j 在关系数据存储中灵活具现的优势。

13.1 数据库设计

表 13-1 是该案例数据库设计中部分结点和关系的设计表。案例构造了电影和人物两种结点标签,并构造了出演、导演和赞助这几种结点间的关系。

表 13-1 结点关系数据库设计

标　　签	类　　型	备　　注
movie	结点	电影结点
person	结点	人物结点
ACTED_IN	关系	出演角色
DIRECTED	关系	导演
PRODUCED	关系	赞助商

表 13-2 是该案例数据库设计中属性的设计表。由表 13-2 可以看出,案例中的电影结点存储了其标题、发布时间和宣传词的属性,而人物结点存储了名称、出生日期的属性。同时,出演的关系将存储演员出演的角色这个属性来更好地描述结点间的关系。

表 13-2 属性数据库设计

属 性	结 点	类 型	备 注
title	Movie	string	电影标题
released	Movie	string	电影发布时间
tagline	Movie	string	电影宣传词
name	Person	string	人物名称
born	Person	string	人物出生日期
roles	ACTED_IN	string	演员演出的角色

13.2 在 Neo4j 浏览器中创建结点和关系

13.2.1 创建结点

1. 创建电影结点

例 13-1 创建了一个 Movie 结点,这个结点上带有三个属性{title:'The Matrix', released:1999, tagline:'Welcome to the Real World'},分别表示这个电影的标题、发布时间、宣传词。

【例 13-1】 创建一个 Movie 结点。

```
CREATE (TheMatrix:Movie {title:'The Matrix', released:1999, tagline:'Welcome
to the Real World'})
```

2. 创建人物结点

例 13-2 创建了一个 Person 结点,结点带有两个属性{name:'Keanu Reeves', born:1964}。

【例 13-2】 创建一个 Person 结点。

```
CREATE (Keanu:Person {name:'Keanu Reeves', born:1964})
```

13.2.2 创建关系

创建人物之间的关系的语句使用了箭头运算符,如例 13-3 中的(Keanu)-[:ACTED_IN {roles:['Neo']}]->(TheMatrix)语句表示创建一个演员参演电影的关系,演员

Keanu 以角色 Neo 参演（ACTED_IN）了电影 TheMatrix。

【例 13-3】 创建任务之间的关系。

```
CREATE
  (Keanu)-[:ACTED_IN {roles:['Neo']}]->(TheMatrix),
  (Carrie)-[:ACTED_IN {roles:['Trinity']}]->(TheMatrix),
  (Laurence)-[:ACTED_IN {roles:['Morpheus']}]->(TheMatrix),
  (Hugo)-[:ACTED_IN {roles:['Agent Smith']}]->(TheMatrix),
  (LillyW)-[:DIRECTED]->(TheMatrix),
  (LanaW)-[:DIRECTED]->(TheMatrix),
  (JoelS)-[:PRODUCED]->(TheMatrix)
```

例 13-4 的代码表示创建导演与电影的关系，LillyW 导演了（DIRECTED）电影 TheMatrix。

【例 13-4】 创建导演与电影的关系。

```
(LillyW)-[:DIRECTED]->(TheMatrix)
```

13.3 使用 Python 语言操作 Neo4j 数据库

13.3.1 连接数据库

在项目中 Neo4j 作为一个图库数据库不能通过上述方式完成增删改查，一般都要通过代码来完成数据的持久化操作。对于 Java 编程者来说，可通过 Spring Data Neo4j 达到这一目的。而对于 Python 开发者来说，Py2neo 库也可以完成对 Neo4j 的操作，操作过程如下。

首先需要安装 Py2neo，建立数据库连接。Py2neo 使用 pip 安装，安装命令为"pip install py2neo"。

建立数据库连接的第二步是编写 Python 代码连接 Neo4j。具体代码如例 13-5 所示，这段代码定义 movie_db 为待使用的 Neo4j 连接。

【例 13-5】 连接 Neo4j。

```
Movie_db = Graph(
    "http://localhost:7474",
    username="neo4j",
    password="neo4j"
)
```

13.3.2 建立和更新结点和关系

建立结点的时候要定义结点的标签和一些基本属性。例 13-6 的代码建立了两个测试结点。

【例 13-6】 建立 test_node_1、test_node_2 两个测试结点。

```
test_node_1 = Node(label = "person",name = "test_node_1")
test_node_2 = Node(label = "movie",name = "test_node_2")
test_graph.create(test_node_1)
test_graph.create(test_node_2)
```

例 13-7 表示建立两个结点关系为 test_node_1 导演了 test_node_2。要注意的是，如果建立关系的时候起始结点或者结束结点不存在，则在建立关系的同时会建立这个结点。

【例 13-7】 建立 test_node_1 导演了 test_node_2 的结点关系。

```
node_1_directed_node_2 = Relationship(test_node_1,'DIRECTED',test_node_2)
node_1_directed_node_2['count'] = 1
test_graph.create(node_1_directed_node_2)
```

更新关系或结点的属性使用 push 语句提交。如例 13-8 所示更新了两结点间的关系。

【例 13-8】 更新结点间关系。

```
node_1_directed_node_2['count']+=1
test_graph.push(node_1_directed_node_2)
```

13.3.3 查找结点或关系

在 Python 中执行 Cypher 查找语句使用 graph.run()函数。例 13-9 为显示一百条电影和演员的图关系的方法 get_graph()。

【例 13-9】 get_graph()函数。

```
def get_graph():
    results = graph.run(
        "MATCH (m:Movie)<-[:ACTED_IN]-(a:Person) "
        "RETURN m.title as movie, collect(a.name) as cast "
        "LIMIT {limit}", {"limit": 100})
    nodes = []
    rels = []
    i = 0
    for movie, cast in results:
        nodes.append({"title": movie, "label": "movie"})
        target = i
        i += 1
        for name in cast:
            actor = {"title": name, "label": "actor"}
```

```
        try:
            source = nodes.index(actor)
        except ValueError:
            nodes.append(actor)
            source = i
            i += 1
        rels.append({"source": source, "target": target})
    return {"nodes": nodes, "links": rels}
```

在例 13-9 的方法中,首先使用 MATCH 语句找到所有 ACTED_IN 关系,然后使用 RETURN 语句返回复合要求的关系中的两个端点,使用 LIMIT 语句限制条数为 100。

例 13-10 中的 get_search()函数通过关键字检索电影。方法中使用了 WHERE 关键字检索 movie 结点的 title 属性。

【例 13-10】 get_search()函数。

```
def get_search():
    try:
        q = request.query["q"]
    except KeyError:
        return []
    else:
        results = graph.run(
            "MATCH (movie:Movie) "
            "WHERE movie.title =~ {title} "
            "RETURN movie", {"title": "(?i).*" + q + ".*"})
        response.content_type = "application/json"
        return json.dumps([{"movie": dict(row["movie"])} for row in results])
```

例 13-11 的方法 get_movie(title)是显示电影的演员列表,代码使用 OPTIONAL MATCH 匹配出演电影的演员。

【例 13-11】 get_movie(title)方法。

```
def get_movie(title):
    results = graph.run(
        "MATCH (movie:Movie {title:{title}}) "
        "OPTIONAL MATCH (movie)<-[r]-(person:Person) "
        "RETURN movie.title as title,"
        "collect([person.name, head(split(lower(type(r)),'_')), r.roles]) as cast "
        "LIMIT 1", {"title": title})
    row = results.next()
    return {"title": row["title"],
            "cast": [dict(zip(("name", "job", "role"), member)) for member in
row["cast"]]}
```

参 考 文 献

［1］ 黑马程序员. NoSQL 数据库技术与应用[M]. 北京：清华大学出版社，2020.

［2］ 金天荣. 文档数据库与关系数据库研究[J]. 微计算机信息，2008，24(3)：173-174＋22.

［3］ MongoDB[EB/OL]. https：//www. mongodb. com/，2021-11-23.

［4］ JSON 介绍[EB/OL]. http：//www. json. org. cn/，2021-12-4.

［5］ MongoDB Documentation[EB/OL]. https：//docs. mongodb. com/manual/mongo/，2021-12-15.

［6］ Neo4j，Cypher—The Graph Query Language[EB/OL]. https：//neo4j. com，2020-12-13.

［7］ Neo4j：Graphs for Everyone[EB/OL]. https：//github. com/neo4j/neo4j，2020-12-18.

［8］ 李子骅. Redis 入门指南[M]. 2 版. 北京：人民邮电出版社，2015.

［9］ 郎云海. NoSQL 数据库与关系数据库对比[J]. 低碳世界，2019，9(5)：323-324.

［10］ 彭娇，聂慧. 浅析关系数据库设计的理论和实践[J]. 科技创新导报，2014，11(20)：54.

［11］ 丹·苏利文. NoSQL 实践指南：基本原则、设计准则及实用技巧[M]. 爱飞翔，译. 北京：机械工业出版社，2016.

［12］ 陆嘉恒. 大数据挑战与 NoSQL 数据库技术[M]. 北京：电子工业出版社，2013.

［13］ 刘瑜，刘胜松. NoSQL 数据库入门与实践(基于 MongoDB、Redis)[M]. 北京：中国水利水电出版社，2018.

图书资源支持

感谢您一直以来对清华版图书的支持和爱护。为了配合本书的使用，本书提供配套的资源，有需求的读者请扫描下方的"书圈"微信公众号二维码，在图书专区下载，也可以拨打电话或发送电子邮件咨询。

如果您在使用本书的过程中遇到了什么问题，或者有相关图书出版计划，也请您发邮件告诉我们，以便我们更好地为您服务。

我们的联系方式：

地　　址：北京市海淀区双清路学研大厦 A 座 714

邮　　编：100084

电　　话：010-83470236　　010-83470237

客服邮箱：2301891038@qq.com

QQ：2301891038（请写明您的单位和姓名）

资源下载： 关注公众号"书圈"下载配套资源。

资源下载、样书申请

书圈

图书案例

清华计算机学堂

观看课程直播